RECHERCHES PHYSIQUES

SUR

LA FORCE ÉPIPOLIQUE.

IMPRIMERIE DE H. FOURNIER ET Cᵉ.
Rue Saint-Benoît, 7.

RECHERCHES PHYSIQUES

SUR LA

FORCE ÉPIPOLIQUE

PAR

M. DUTROCHET

MEMBRE DE L'INSTITUT (ACADÉMIE DES SCIENCES).

DEUXIÈME PARTIE.

PARIS

CHEZ J.-B. BAILLIÈRE,

LIBRAIRE DE L'ACADÉMIE ROYALE DE MÉDECINE,
Rue de l'École de Médecine, 17.

A LONDRES

Même Maison, 219 Regent-Street

—

MARS 1843.

ERRATA.

PREMIÈRE PARTIE.

Pages. Lignes.

5,	18,	flottant ;	*lisez :*	flottants.
14,	14,	la ;	—	sa.
28,	17,	même ;	—	mince.
28,	25,	et ;	—	ou.
34,	25,	s'y ;	—	l'y.
37,	23,	sur la ;	—	sur sa.
38,	30,	longueur ;	—	largeur.
40,	25,	dépose ;	—	dispose.
53,	21,	certripète ;	—	centripète.
54,	12,	phosphorique ;	—	sulfurique.
59,	6,	solution quelconque ;	—	solution saline quelconque.
59,	7,	devrait ;	—	devait.
65,	10,	aussi ;	—	ainsi.
70,	14,	employé ;	—	employées.
85,	15,	formées ;	—	fermées.
90,	23,	salins ;	—	salans.
96,	32,	muet ;	—	meut.
99,	28,	la dissolution ;	—	sa dissolution.
110,	8,	ne dégage ;	—	ne se dégage.
111,	12,	couce minche ;	—	couche mince.
111,	12,	qui environne ;	—	qui l'environne.
116,	16,	si on alors ;	—	si alors.
149,	12,	effluents ;	—	affluents.
178,	18,	négatif ;	—	positif.

DEUXIÈME PARTIE.

26,	25,	très-lentes ;	—	très-denses.

AVERTISSEMENT.

J'ai fait paraître, l'année dernière, mon ouvrage intitulé :
Recherches physiques sur la force épipolique, sans prévoir
que je lui donnerais la suite que je publie aujourd'hui
sous le nom de *Deuxième partie* de cet ouvrage ; elle est
destinée à compléter et à rectifier, en plusieurs points, les
théories que j'ai admises dans la première partie. Une relation intime et nécessaire existe ainsi entre ces deux parties,
en sorte que je me suis trouvé, à chaque instant, dans la
nécessité de renvoyer le lecteur de la deuxième partie à la
première. Afin de le faire avec facilité, j'ai donné aux paragraphes de la deuxième partie des numéros d'ordre qui
font suite à ceux des paragraphes de la première partie ;
j'ai donné de même aux figures des planches de cette
deuxième partie des numéros d'ordre qui font suite à ceux
des figures que contiennent les planches de la première
partie.

RECHERCHES PHYSIQUES

SUR

LA FORCE ÉPIPOLIQUE.

——o◉o——

DEUXIÈME PARTIE.

———

CHAPITRE PREMIER.

De la force d'expansion spontanée du docteur Ambrogio
Fusinieri.

254. Dans la première partie de cet ouvrage (chapitre Ier)
j'ai exposé tous les travaux qui, à ma connaissance, avaient
été publiés avant les recherches qui m'étaient propres,
relativement aux phénomènes que j'ai désignés sous le nom
nouveau de phénomènes *épipoliques*. Je croyais qu'avant
moi personne n'avait eu l'idée de rassembler tous ces phénomènes dans une seule et même catégorie, de considérer
ces faits si divers comme produits par une seule et même
force nouvelle en physique. Je me trompais. Dès l'année
1821, le docteur Fusinieri avait publié dans le Journal de
Pavie (dit de *Brugnatelli*), un mémoire dont j'ignorais

l'existence, mémoire dans lequel il considère comme dépendants d'une nouvelle force physique une partie des phénomènes que j'ai considérés comme produits par la *force épipolique*. Le docteur Fusinieri a fait suivre ce premier travail par des mémoires, sur le même sujet, qui ont été publiés dans le même journal en 1823 et 1824, puis enfin, dans les Annales des Sciences du royaume Lombardo-Vénitien en 1832, 1833 et 1841. Ce n'est que depuis peu de temps que j'ai été instruit de l'existence de ces travaux du docteur Fusinieri ; il serait véritablement impardonnable à moi de les avoir ignorés, si je n'avais à dire pour excuse qu'ils sont généralement inconnus en France ; ils ne se trouvent mentionnés dans aucun traité de physique : il se peut que les auteurs de ces traités les aient connus, mais ils ont dédaigné d'en parler, comme on le fait relativement à tant de vaines hypothèses, à tant de théories aventurées que chaque jour voit naître et mourir. Les travaux du docteur Fusinieri, sur le sujet qui nous occupe, méritaient-ils ce dédain ? Oui, je le pense, si l'on considère les théories de cet auteur ; non, je dois le reconnaître, si l'on s'attache simplement à la considération du rapprochement qu'il a établi entre beaucoup de faits que l'on croyait n'avoir rien de commun, faits qu'il a considérés comme dépendants d'une force nouvelle en physique : il a, il est vrai, commis la faute de réunir à ces faits des phénomènes qui n'ont évidemment avec eux aucune analogie, et cela a contribué, sans aucun doute, à éloigner l'attention des physiciens des travaux qu'il a faits sur cette matière. Il est bien difficile d'apercevoir une vérité lorsqu'elle est ensevelie sous une foule d'hypothèses. On va voir, par l'exposé suivant de la théorie du docteur Fusinieri, si le jugement que je viens de porter à cet égard n'est pas bien fondé. Voici cette théorie que j'expose d'abord sans y joindre aucune réflexion.

255. Lorsque la matière est très-divisée, ou réduite à de très-petites dimensions, elle développe une *force d'expansion spontanée* qui produit la répulsion entre ses parties et tend à leur imprimer un mouvement de projection sur la surface des corps. Cette force est la même que celle que, sous d'autres rapports et pour d'autres effets, on nomme *calorique*; elle diffère du *calorique latent* et du *calorique spécifique*; l'auteur la désigne sous le nom de *calorique natif (calorico nativo)*. Ce *calorique natif* n'est pas également distribué entre tous les corps; il existe en grande quantité dans les corps combustibles; il est aussi très-abondant dans les acides et, en général, dans les substances simples électro-positives et électro-négatives. Au contraire, les alcalis et les oxydes que l'auteur considère comme ayant une certaine neutralité électrique, contiennent peu de ce *calorique natif*. L'eau qui est parfaitement neutre est de toutes les substances celle qui possède le moins de ce *calorique natif*, agent producteur de la force d'expansion spontanée; le calorique sous cette nouvelle forme se tient caché, et ne manifeste son action expansive que lorsque la matière est très-atténuée et sa cohésion diminuée, c'est-à-dire quand elle est à l'état de vapeur, à l'état liquide et même à l'état solide, lorsque le corps est volatil et fragile, comme l'est le camphre, par exemple.

256. Le mouvement produit par cette force conserve son caractère d'expansion tant qu'il ne rencontre point d'obstacle qui l'arrête; mais, lorsque cela arrive, il se réfléchit sur lui-même, par un effet de réaction, et alors il comprime et il condense la matière qu'il avait précédemment divisée. Les physiciens ont pris pour des effets de l'attraction ce qui n'est, dans ce cas, que l'effet de la réflexion de la force

d'expansion spontanée ou du *calorique natif* à l'action duquel est due la production de cette force.

257. Lorsque les corps possèdent des parties pointues ou anguleuses (*spigoli*), l'atténuation de leur matière au sommet de ces parties y développe l'action expansive du *calorique natif*. Les liquides possèdent toujours ces parties anguleuses aux endroits où leur surface se termine en adhérant aux surfaces des solides. Ainsi une goutte d'un liquide quelconque placée sur la surface plane d'un corps solide y prend une forme bombée et va en s'amincissant vers ses bords où le liquide prend ainsi une forme anguleuse. Atténué ou réduit à de très-petites dimensions au sommet de cet angle, le liquide, par cela même, met en liberté, dans cet endroit, son *calorique natif*, lequel est *tenu en frein* par la matière liquide plus massive de la partie centrale de la goutte. L'action de ce *calorique natif* produit dans cet angle du liquide une expansion qui tend à projeter, à étendre ce même liquide sur la surface solide qui le porte, Si ce liquide est combustible et contient, par conséquent, beaucoup de *calorique natif*, il est projeté circulairement en couche mince sur la surface du solide par la force d'expansion spontanée. C'est ainsi qu'on voit une goutte d'éther, d'alcool, ou d'huile essentielle, s'étendre en couche mince sur la surface du verre ou sur celle d'un métal poli. Cette couche mince du liquide combustible conserve, en s'étendant, un angle très-aigu à sa circonférence, et c'est l'existence continuée de cet angle qui fait que l'extension de la goutte se prolonge jusqu'à ce qu'enfin, arrêtée par l'obstacle que lui oppose le frottement, elle cesse d'avoir lieu ; alors l'impulsion acquise fait que le liquide étendu se gonfle en orle à la circonférence de l'aire circulaire qu'il a envahie. Les mêmes effets ont

lieu, par la même cause, en déposant une goutte d'huile fixe ou essentielle sur la surface de l'eau où elle s'étend rapidement en couche mince ; ou en déposant, sous forme de goutte, certains liquides déterminés sur une couche d'eau qui enduit une lame de verre.

258. Les parcelles de camphre placées sur l'eau s'y meuvent par l'effet de la réaction qui est la suite de l'expansion spontanée produite dans cette substance par l'abondant *calorique natif* qu'elle contient et qui, s'échappant par ses angles, projette le camphre vaporisé sur la surface de l'eau environnante. Si, comme l'a expérimenté Venturi, des colonnes de camphre à moitié plongées dans l'eau se coupent au niveau de ce liquide, cela provient de l'action de l'angle (*spigolo*) de l'eau soulevée autour de la colonne de camphre, angle duquel émane la force qui volatilise et produit en même temps la dissolution de la substance du camphre.

259. Les mouvements spontanés du potassium et du sodium sur l'eau proviennent de même de l'expansion de leur *calorique natif*.

260. Les vapeurs dont l'action occasionne des mouvements sur la surface des liquides produisent ces effets en se condensant en lames minces sur cette surface. Ces lames ont nécessairement leur pourtour terminé en angle aigu. C'est de cet angle que part l'expansion du *calorique natif* qui est la cause des mouvements que l'on observe à la surface du liquide.

260. La force d'expansion spontanée du *calorique natif* sur les surfaces contribue à maintenir à l'état incandescent le platine environné d'un mélange d'une vapeur combustible et d'oxygène ; elle contribue aussi à faire rougir le platine spongieux placé dans un courant de gaz hydrogène. Alors

la vapeur combustible se concrète en lames minces sur la surface du platine ; c'est la combustion continuelle de ces lames sans cesse renouvelées qui entretient l'incandescence du métal.

262. C'est la force de l'expansion spontanée du *calorique natif* qui produit le mouvement de translation d'une goutte d'huile sur un fil métallique horizontal à l'une des extrémités duquel on applique la chaleur d'une flamme. L'auteur réclame pour lui la découverte de ce phénomène, découverte qui a été attribuée à M. Libri. Il a vu qu'une goutte d'acide sulfurique, suspendue de même à un fil de platine horizontal, s'approche d'abord de la flamme et s'en éloigne ensuite. Il prétend qu'on observe les deux mêmes mouvements alternatifs et opposés avec une goutte d'huile lorsqu'elle est suspendue à un fil de platine, mais qu'en suspendant cette même goutte à un fil d'un métal oxydable on n'observe que le seul mouvement par lequel cette goutte d'huile s'éloigne de la flamme. Voici comment il explique ces phénomènes.

263. La goutte suspendue latéralement au fil métallique horizontal possède, au pourtour de son adhérence à ce fil, un angle duquel part, également de tous côtés, l'expansion spontanée produite par le *calorique natif*, qui tend à s'échapper par cet angle. La goutte, également sollicitée de tous côtés par cette force d'expansion, demeure en repos tant qu'on n'échauffe point le fil métallique à l'une de ses extrémités voisine de la goutte ; mais cet échauffement ayant lieu, la chaleur se communique d'abord à l'angle de la goutte le plus voisin de la source de la chaleur, et augmente, dans cet angle, la force d'expansion spontanée qui lui est naturelle, tandis que l'angle opposé conserve, sans augmentation, cette même force qui lui est propre. L'équilibre étant

ainsi rompu entre ces deux forces opposées, la force d'expansion qui réside dans l'angle le plus voisin de la source de la chaleur donne, par réaction, à la goutte un mouvement de progression qui l'éloigne de cette source.

264. Le mouvement brownien est le résultat de l'extrême atténuation de la matière qui se meut dans le sein du liquide où elle est en suspension, cette atténuation étant la condition du développement de la force d'expansion spontanée du *calorique natif* auquel est dû ce mouvement.

265. Les phénomènes d'endosmose ne sont qu'un petit rameau de la découverte de l'auteur touchant la force d'expansion spontanée du *calorique natif*. La cloison poreuse qui sépare les deux liquides divise mécaniquement ces liquides, qui, par cette grande atténuation, développent leur force d'expansion spontanée. Celui des deux liquides qui possède le plus de force d'expansion spontanée fait irruption au travers des canaux de la cloison, et de là dans le liquide opposé.

266. L'eau étant de tous les liquides celui qui possède le moins de *calorique natif*, est, par cela même, celui qui développe le moins de force d'expansion spontanée. Ainsi une goutte d'eau déposée sur la surface d'un solide poli ne tend point à s'y étendre, malgré qu'elle soit terminée en angle très-aigu à sa circonférence ; cependant lorsque ce liquide est réduit à de très-petites dimensions, qu'il forme de très-petites gouttes, sa force d'expansion spontanée se manifeste. C'est en diminuant considérablement les dimensions de l'eau qu'ils admettent dans leur cavité, que les tubes capillaires permettent à ce liquide de développer la force d'expansion spontanée qui là fait monter dans ces tubes, où son mouvement s'opère dans la direction et par l'effet de l'angle aigu, qu'affecte, sur ses bords, le ménisque concave

qui termine en haut la colonne liquide. Tous les phénomènes capillaires seraient ainsi produits par la force d'expansion spontanée, laquelle résulterait de l'action du *calorique natif;* l'attraction ne jouerait aucun rôle sans les phénomènes de la capillarité.

267. La force d'expansion spontanée qui se développe dans la matière réduite à de très-petites dimensions tend spécialement à agir *selon la direction des surfaces,* parce que c'est de cette manière qu'elle éprouve le moins de résistance de la part de la force de cohésion; toutefois cette force d'expansion spontanée agit de même dans l'intérieur de la masse des liquides; c'est elle qui agit dans les combinaisons chimiques en produisant des expansions internes et réciproques d'une substance dans une autre. L'attraction moléculaire ne jouerait ainsi aucun rôle dans les combinaisons chimiques.

268. Le *calorique natif* est le principe des deux électricités; c'est de lui que résulte la cohésion; il est la cause première des phénomènes de la chaleur et de la lumière, etc.

269. On conçoit sans peine, à la lecture de cette théorie extraordinaire, *qu'aucune académie ne l'ait appréciée,* ainsi que le dit son auteur avec amertume; qu'aucun physicien n'ait jugé à propos d'en faire mention. Ce dédain cependant est injuste sous un certain point de vue. Sans aucun doute, le docteur Fusinieri s'est laissé emporter trop loin par son imagination. Entraîné par l'idée d'avoir découvert le principe général des actions physico-chimiques, il a attribué à une seule et même cause des phénomènes considérés par tous les physiciens comme n'ayant rien de commun; mais au milieu de cet amas d'hypothèses, on doit reconnaître l'existence d'une vue générale qui, restreinte dans certaines limites, contient l'expression d'une vérité. Le

premier il a vu que certains phénomènes, à peu près né-
gligés par les physiciens, avaient cependant une grande
importance, et que leur étude attentive conduisait nécessairement à la découverte de l'existence d'une force particulière non encore connue en physique. Il lui suffit donc,
pour avoir droit à la reconnaissance des savants, qu'il ait
aperçu et signalé l'existence de cette force nouvelle; peu
importe, du reste, le nom par lequel il l'a désignée. Quant
à l'énorme extension qu'il a donnée aux applications de
cette force nouvelle pour expliquer une multitude de phénomènes physico-chimiques, c'est une erreur sans doute,
mais cela n'empêche pas l'existence de la vérité, de l'abus
de laquelle est née cette erreur.

270. Quant à la détermination des conditions d'existence
ou des causes de la mise en action de cette force nouvelle,
le docteur Fusinieri croit y parvenir à l'aide des hypothèses
les plus vagues. Qu'est-ce que c'est que ce *calorique natif*
qui abonde dans certains corps et spécialement dans les
corps combustibles? N'est-ce pas là reproduire, en quelque
sorte, l'hypothèse depuis si longtemps abandonnée du
phlogistique de Stahl? Le docteur Fusinieri prétend que la
matière, lorsqu'elle est en masse notable, retient prisonnier
ce *calorique natif*, lequel n'entre en liberté d'agir que
lorsque la matière est atténuée ou très-divisée; que c'est
cette atténuation qui donne aux sommets aigus des angles
saillants des corps la propriété de mettre en action la force
dont il s'agit. Cette assertion, complétement hypothétique
dans sa généralité, offre cependant une apparence de fon-
dement en un de ses points : nous allons, en effet, trouver encore ici une erreur qui provient de l'abus d'une
vérité. Il est très-vrai que c'est par le sommet des angles
saillants des corps, ou par leurs pointes, que s'opère, dans

certains cas, le développement de la force que le docteur Fusinieri a nommée *force d'expansion spontanée*, et que j'ai désignée sous le nom de *force épipolique* ; mais cela ne prouve point du tout que ces parties anguleuses ou pointues soient génératrices de cette force. Le docteur Fusinieri est tombé ici dans une erreur analogue à celle qu'aurait commise le premier qui a observé l'écoulement du fluide électrique par les pointes, s'il avait dit que ces pointes produisaient ce fluide électrique.

271. Le docteur Fusinieri a cherché à expliquer, au moyen de sa force nouvelle, une multitude de phénomènes, et cependant il n'a point tenté d'expliquer, par ce moyen, les mouvements que l'électricité voltaïque produit sur le mercure recouvert par des liquides aqueux. Ce n'est certainement pas qu'il ignorât ces phénomènes, mais il n'aura pu très-probablement les rattacher à sa théorie. Dans la plupart des circonstances, en effet, il n'aurait point trouvé là d'angles du sommet aigu desquels il lui eût été possible de faire émaner la force productrice de ces mouvements, qui ne sont point dus à l'action directe de l'électricité. Il m'appartient donc exclusivement d'avoir placé ces phénomènes de mouvement dans la catégorie générale des mouvements qui dépendent de l'action de la *force épipolique*.

272. En donnant du phénomène de l'endosmose l'explication que j'ai rapportée plus haut (265), le docteur Fusinieri a fait voir qu'il ne connaît point du tout ce phénomène. Il admet, en effet, que celui des deux liquides que sépare la cloison poreuse, qui possède le plus de force d'expansion spontanée, est celui qui fait irruption au travers de la cloison, et de là dans le liquide opposé. Ce principe posé, il en résulterait que l'alcool et l'eau étant séparés par une membrane, ce serait l'alcool qui ferait irruption au travers des

canaux capillaires de la membrane, et qui augmenterait le volume de l'eau ; car, selon cet auteur, l'alcool possède à un haut degré le principe de la force d'expansion spontanée, principe que l'eau possède à un degré très-inférieur. Or, c'est exactement l'inverse qui est démontré par l'expérience. C'est l'eau qui passe au travers de la membrane séparatrice en plus grande quantité que ne le fait l'alcool, et qui augmente le volume de ce dernier.

273. Je suis bien loin d'avoir reproduit, dans ce court exposé, tous les faits que le docteur Fusinieri rapporte comme preuves ou comme conséquences de sa théorie · cela m'aurait entraîné trop loin. Ce que j'extrais ici des mémoires de cet auteur m'a paru suffisant pour donner une idée exacte de sa théorie, et pour faire voir combien celle que j'applique à l'explication des mêmes phénomènes est différente de la sienne.

CHAPITRE II.

Des rapports qui existent entre la force épipolique et le calorique
considéré comme cause productrice de cette force.

274. Dans la première partie de cet ouvrage j'ai établi
sur des observations nombreuses l'existence de la force
épipolique, considérée comme force nouvelle en physique,
différente du calorique et de l'électricité, et se rapprochant
cependant, à certains égards, de l'une et de l'autre de ces
deux forces. J'ai fait voir quelles sont les circonstances
diverses dans lesquelles cette force nouvelle apparaît ou
entre en exercice. Ainsi on la voit naître 1° lors du dépôt
d'une goutte de certains liquides sur la surface nette d'un
solide poli ou sur la surface d'un autre liquide (25 à 47);
2° lors du dépôt d'une goutte d'un liquide déterminé sur
une couche mince d'un autre liquide déterminé étendu
sur la surface polie d'un solide (49 à 85); 3° lors du dépôt de
parcelles de camphre sur la surface nette de l'eau ou du
mercure (87 à 104); 4° lorsqu'on met flotter à la surface de
l'eau des parcelles de savon, des parcelles de certains extraits
gommo-résineux, des parcelles d'alcalis fixes solides, de la
râpure de liége imbibée de liquides acides, etc. (105 à 109);
5° lors de la décomposition de certaines substances solides
placées sur l'eau ou sur le mercure recouvert d'une couche
d'eau (110 à 123); 6° enfin lors de l'application de l'électri-

cité voltaïque au mercure, soit pur, soit amalgamé avec un métal d'alcali, et recouvert par de l'eau ou par des solutions aqueuses d'alcalis ou d'acides (124 à 237).

275. Dans toutes les circonstances qui viennent d'être exposées, et dans lesquelles on voit les liquides mus par la force épipolique, un fait, qui eût été pour moi un fait général si je n'avais trouvé quelques cas où son existence pouvait être mise en doute, s'est présenté à mon observation ; c'est celui de la production de chaleur ou de froid, ou autrement, celui du changement de température produit localement par l'accession des substances épipolo-motrices sur les surfaces des solides ou des liquides. C'est ce que j'ai exposé d'une manière générale (68 à 74), en rapprochant les phénomènes d'attraction ou de répulsion apparentes qu'offrent les mouvements épipoliques, des phénomènes découverts par Fresnel et dans lesquels on voit la chaleur appliquée d'une manière déterminée à des corps solides mobiles, produire entre eux des attractions ou des répulsions. S'il ne m'eût pas paru douteux (74) qu'il y eût production de chaleur lors de l'accession de tous les liquides combustibles à l'eau ou lors du contact de la vapeur de ces mêmes liquides avec la surface de l'eau, cas dans lesquels il y a production de courants épipoliques, je n'aurais pas hésité à déclarer que c'était à la chaleur localement développée sur la surface des liquides qu'étaient dus ces courants épipoliques. Déjà j'avais expérimenté (69) qu'une goutte d'eau chaude déposée sur une couche d'eau froide étendue sur une lame de verre produisait sur cette couche d'eau un courant épipolique dont la direction était *centrifuge*, c'est-à-dire que ce courant partait en divergeant, comme d'un centre, du point sur lequel la goutte d'eau chaude avait été déposée. J'avais vu, par contre, qu'en déposant une goutte d'eau

froide sur une couche d'eau chaude étendue sur une lame
de verre, il se produisait un mouvement inverse ou *centripète*, c'est-à-dire que l'eau chaude affluait de toutes parts
vers la goutte d'eau froide, dont elle augmentait le volume;
cette goutte conservant alors, pendant quelques instants, sa
forme bombée et son niveau élevé au-dessus de celui de
l'eau chaude qui l'environnait.

276. De ces faits à ceux de la production des courants
épipoliques *centrifuges* ou *centripètes* à la surface de l'eau
par le contact avec ce liquide d'un corps solide, échauffé ou
refroidi, il n'y avait qu'un pas. J'ai été prévenu, dans ces
nouvelles expériences, par M. Doyère qui, au mois de juin
1842, me fit part, par lettre, des expériences intéressantes
qu'il avait faites dans cette direction; il me communiqua,
en même temps, plusieurs autres résultats importants auxquels il était parvenu, touchant certains autres phénomènes
épipoliques. Dès lors, j'ai dû considérer tous les faits que
me communiquait M. Doyère, comme s'ils avaient été publiés dès cette époque. Voici ce qu'il m'écrivait relativement à la production des courants épipoliques par l'application locale de la chaleur ou du froid à la surface d'un
liquide.

277. « Tout échauffement d'une surface nette y déter-
« mine la force épipolique *centrifuge;* tout refroidissement
« y détermine la force épipolique contraire. On peut faire
« l'expérience d'une foule de manières; l'une des plus sim-
« ples est la suivante : *a, b* (fig. 40), est le petit vase con-
« tenant l'eau à surface nette, ou l'huile, ou toute autre
« substance (celles du moins que j'ai expérimentées); *c, d,*
« est un fil de laiton ou de platine bien décapé, courbé à
« son extrémité et plongeant dans l'eau à surface nette. En
« chauffant le fil, même fort loin du vase, et de manière à

« ce que la pointe ne doive éprouver qu'une élévation de
« température presque insensib'e, on détermine, dans la
« surface liquide des mouvements épipoliques centrifuges
« extrêmement remarquables et qui s'arrêtent instantané-
« ment si on touche la surface du doigt. On les détermine
« aussi en approchant de la surface un corps échauffé quel-
« conque, une baguette métallique rougie, par exemple...
« Avec de la glace on produit des phénomènes épipoliques
« contraires à ceux que produit l'échauffement. »

278. Ce fait que les courants épipoliques produits sur
l'eau par l'échauffement local de sa surface sont arrêtés
subitement lorsqu'on touche cette surface avec un corps qui
peut lui donner le plus léger, le plus imperceptible enduit
gras, est des plus importants : il rapproche évidemment les
phénomènes épipoliques produits sur l'eau par la chaleur,
des phénomènes épipoliques produits sur ce même liquide
par le camphre. M. Doyère a rendu ce rapprochement encore plus sensible par cette jolie expérience qu'il m'a communiquée en même temps. Une nacelle de clinquant, bien
décapée, chargée d'un petit charbon rouge ou d'un morceau
de baryte sur lequel on laisse tomber une goutte d'eau qui
l'échauffe, court sur l'eau comme un morceau de camphre[1].

279. A ce même fait de la production des courants épipoliques sur la surface des liquides par l'application d'une
chaleur locale, se rattache un phénomène très-vulgaire-
ment connu : c'est celui du mouvement circulatoire que l'on
observe souvent dans la cire fondue qui environne la mèche
d'une bougie. S'il y a dans cette cire fondue de petits corps

---

1. M. Doyère a depuis publié ce fait, ainsi que les résultats géné-
raux de ses expériences dans une note qu'il a présentée à l'Académie
des sciences, le 25 juillet 1842, et qui est imprimée dans les *comptes
rendus* de ses séances, t. XV, p. 176.

flottants, tels que de petits fragments charbonnés de la mèche, on voit ces petits corps décrire des courbes, par lesquels ils marchent vers la mèche enflammée, et s'en éloignent ensuite par une répulsion apparente très-brusque[1]. La base de la mèche enflammée, plongée dans la cire liquide, fait ici l'office de la tige métallique échauffée qui, dans l'expérience de M. Doyère, est plongée dans de l'eau ou dans de l'huile où elle produit des mouvements de répulsion apparente, desquels résultent des contre-courants, ce qui donne lieu à des mouvements de tourbillon.

280. En faisant voir que les courants produits à la surface de l'eau par l'action, en apparence répulsive, de la chaleur appliquée localement à cette surface, sont arrêtés subitement par le plus imperceptible enduit gras répandu sur cette même surface, M. Doyère a pu empêcher de se produire diverses explications au moyen desquelles on aurait tenté de rendre raison de ce phénomène de mouvement, explications qui auraient été basées, par exemple, sur la dilatation de l'eau par la chaleur, sur sa vaporisation auprès du corps échauffé. On se demande ici pourquoi ce phénomène de mouvement est arrêté sur l'eau par le plus léger enduit huileux répandu sur la surface de ce liquide, tandis qu'il existe, sans que rien puisse l'arrêter, sur la surface de l'huile. Ce phénomène, en apparence paradoxal, tient à certaines *conditions physiques* inhérentes aux surfaces *nettes*. Si l'eau pouvait s'étendre en couche extrêmement mince sur l'huile, comme l'huile s'étend sur l'eau, elle lui enlèverait de même la *netteté* de sa surface, et s'opposerait probablement de même à l'établissement des courants

1. Le docteur Fusinieri a cité ce fait dans son mémoire inséré aux *Annales des Sciences du royaume Lombardo-Vénitien*, t. III, p. 159 ; il l'explique au moyen de sa théorie exposée plus haut.

épipoliques. Cet effet d'abolition des courants épipoliques sur l'eau, lorsqu'elle est recouverte de la couche la plus mince d'un liquide huileux, me paraît provenir du trop grand rapprochement des deux surfaces de l'eau et de l'huile, liquides qui, comme on va le voir, ne possèdent point, à leurs surfaces, les mêmes *conditions physiques* pour l'établissement des courants épipoliques.

281. On doit considérer les liquides aqueux et les liquides huileux comme possédant à leur surface des *conditions épipoliques* différentes, desquelles résulte la difficulté, car je ne dirai pas l'impossibilité, de l'union par adhérence intime de ces deux sortes de liquides : je désignerai l'existence de ces deux *conditions épipoliques* sous le nom d'*épipolicité*. Il y aura ainsi une *épipolicité aqueuse*, et une *épipolicité huileuse*. La plupart des liquides aqueux possèdent l'épipolicité aqueuse ; tous les liquides hydrogénés combustibles possèdent l'épipolicité huileuse. On doit leur adjoindre, à cet égard, les solides gras ou résineux. Tous les liquides qui possèdent la même épipolicité sont facilement miscibles ; tous les liquides qui ont une épipolicité différente, ou ne sont point miscibles, ou ne le sont qu'avec plus ou moins de difficulté. Je fais ici abstraction du mercure, sur la nature de l'épipolicité duquel je reviendrai plus bas.

282. On remarquera que les phénomènes d'attraction ou de répulsion qui semblent exister entre les surfaces des corps qui possèdent ou une épipolicité semblable, ou une épipolicité différente, s'exercent dans des conditions exactement inverses de celles dans lesquelles s'exercent les attractions et les répulsions électriques. En effet, les surfaces qui ont la même épipolicité semblent s'attirer, celles qui ont une épipolicité différente semblent se repousser, tandis que les corps qui possèdent la même électricité se repous-

sent, et que les corps qui possèdent une électricité différente s'attirent.

283. D'après les expériences qui m'ont été communiquées par M. Doyère, le mécanisme du mouvement épipolique produit par la chaleur locale artificiellement appliquée soit à la surface de l'eau, soit à la surface de l'huile, serait exactement le même. Or, l'expérience apprend qu'il existe, dans ces deux cas, une différence très-essentielle dans le mécanisme de ce mouvement. Lorsqu'on met un corps échauffé en contact avec le milieu de la surface de l'eau ou de l'huile, on observe également, sur la surface de ces deux liquides, un courant épipolique qui fuit de tous côtés le corps échauffé ; ce courant est *calorifuge*. Parvenu à la circonférence d'une aire circulaire plus ou moins étendue, ce courant se réfléchit et revient par diverses routes vers le corps échauffé, en sorte qu'il décrit des courbes fermées, ou des tourbillons. Le courant épipolique général considéré dans un seul de ces tourbillons se compose ainsi d'un *courant primitif*, lequel est ici *calorifuge*, et d'un *courant secondaire* ou *courant de retour*, lequel semble être *caloripète*. Or, la position respective de ces deux courants opposés dont se compose le tourbillon épipolique n'est point la même sur les liquides aqueux et sur les liquides huileux ; ou, plus généralement, sur les liquides qui possèdent l'épipolicité aqueuse et sur les liquides qui possèdent l'épipolicité huileuse. Pour se convaincre de cette vérité il ne faut plus appliquer la chaleur au milieu de la surface du liquide, ou dans une partie de cette surface voisine de son milieu ; il faut appliquer la chaleur au bord de la surface du liquide. Par ce procédé nouveau on voit quelles sont les positions respectives des courants épipoliques *primitifs calorifuges* et des courants épipoliques *secondaires* ou *courants de retour*.

284. J'ai décrit plus haut (277) le procédé expérimental qui m'a été communiqué par M. Doyère pour appliquer la chaleur en un point médian de la surface d'un liquide et y produire, par ce moyen, des courants épipoliques. Ce procédé expérimental est représenté par la figure 40. Voici actuellement le procédé différent que j'ai mis en usage. Un vase de verre cylindrique a a (fig. 41) vu ici de haut en bas et qui a cinquante millimètres de diamètre et vingt millimètres de profondeur, a reçu en dehors et vers le milieu de sa hauteur une perforation qui s'étend jusqu'auprès de sa paroi intérieure. Ce trou de deux millimètres de diamètre reçoit le bout d'un fil de laiton b, c, d'un millimètre et demi de diamètre. Ce fil métallique est horizontal, et à une certaine distance du vase il est échauffé par la flamme d d'une lampe à alcool ; entre la flamme et le vase se trouve un écran de carton ff qui est traversé par le fil métallique et qui est destiné à soustraire le vase à l'influence directe de la chaleur qui émane de la flamme. Cette chaleur ne parvient ainsi au liquide contenu dans le vase, et dont la surface est au niveau du fil métallique, que par l'intermédiaire de ce dernier dont l'extrémité, logée dans le trou pratiqué au vase, n'est séparée du liquide que par une très-petite épaisseur du verre, ce qui fait qu'il n'y a qu'un obstacle très-léger à la transmission de la chaleur du fil métallique au liquide ; car on sait que le verre est peu conducteur de la chaleur. Cet obstacle disparaît tout à fait dans un autre appareil que j'ai construit, et qui ne diffère du précédent que par cela que la perforation du vase de verre est complète et se trouve fermée par un petit bouchon de liége que traverse un fil de platine d'un millimètre de diamètre, lequel se trouve ainsi en contact immédiat avec le bord de la surface du liquide qui est contenu dans le vase. La cha-

leur transmise immédiatement du fil métallique au liquide est bien plus intense avec ce second appareil qu'avec le premier, mais celui-ci est préférable dans bien des cas, surtout lorsqu'on emploie des acides ou des solutions alcalines susceptibles d'attaquer le petit bouchon de liége, ou lorsqu'on emploie du mercure lequel formerait un couple voltaïque avec le fil de platine, ce qui pourrait introduire un élément d'erreur dans l'expérience.

285. J'ai mis de l'eau pure élevée jusqu'au niveau du fil métallique dans le vase de verre de l'un ou de l'autre des deux appareils que je viens de décrire et qui sont représentés également par la figure 41. L'eau échauffée localement et près de sa surface au point *c* offre d'abord sur cette surface un courant épipolique qui partant du point échauffé *c*, comme d'un centre, est concentriquement *calorifuge*. Cet effet n'est que celui du premier moment. Bientôt il s'établit un courant épipolique en double tourbillon et dirigé comme cela est représenté dans la figure 41; deux courants calorifuges *c*, *m*, *o*, et *c*, *n*, *o*, prennent naissance au point *c* par une répulsion apparente vive et saccadée ; ils suivent, chacun de son côté, le contour du vase, et se réunissent au point *o* pour se confondre en un seul *courant de retour o i*, lequel est situé dans le diamètre *o c* du vase, diamètre que j'ai désigné précédemment sous le nom d'*axe épipolique* (96). Ce courant *de retour* en apparence *caloripète*, arrivé dans le voisinage du point échauffé *c*, ou au point *i*, se divise en deux branches, lesquelles se joignent aux deux courants épipoliques calorifuges latéraux. Cette direction du courant épipolique à double tourbillon s'observe constamment sur l'eau et sur les liquides aqueux, à une exception près qui sera indiquée plus bas (293). Ainsi on l'observe sur les liquides acides ou alcalins, et sur

les solutions salines, pourvu qu'elles soient parfaitement
exemptes d'enduit huileux à leur surface. Ce courant épipolique est d'autant moins rapide que le liquide sur lequel
on l'observe est plus dense. Il est bien entendu qu'il faut
qu'il y ait des corps pulvérulents sur la surface du liquide
mis en expérience, afin d'apercevoir facilement, par le
moyen de leur mouvement, la direction du courant épipolique.

286. Pour voir d'une manière bien évidente que c'est par
les deux courants calorifuges latéraux c, n, o ; c, m, o, (fig.
41), que commence le mouvement épipolique à double
tourbillon sur les liquides aqueux, il faut employer, pour
l'expérience dont il s'agit ici, de l'acide sulfurique concentré sur lequel on met flotter un peu de fleur de soufre,
et se servir du vase de verre incomplétement perforé en
sorte que la chaleur du fil métallique $b\,c$, ne parvient au
point de la surface de l'acide qui lui correspond qu'en traversant une faible épaisseur du verre. On voit alors les
deux courants épipoliques calorifuges latéraux s'établir lentement en partant du point échauffé c, tandis qu'il n'y a
encore aucun mouvement dans l'intervalle qui les sépare.
On voit ces deux courants calorifuges latéraux se réfléchir
dans l'axe épipolique $o\,i$, et former ainsi le *courant de
retour* qui complète les deux tourbillons épipoliques accolés.

287. Lorsque j'ai soumis une huile fixe quelconque à la
même expérience, j'ai observé constamment un courant
épipolique à double tourbillon dirigé en sens inverse de
celui qui a lieu sur l'eau, et en général sur les liquides
aqueux ; c'est-à-dire qu'il y a un courant calorifuge unique
situé dans l'axe épipolique $c\,o$ (fig. 42), et que ce courant
calorifuge se divise en deux *courants de retour o, m, i ; o, n, i*

qui reviennent vers la source de la chaleur en suivant de chaque côté le contour du vase, ainsi que cela se voit dans la figure 42. On observe le même mouvement épipolique sur la surface des huiles essentielles, sur celle de l'alcool et du methylème, en un mot sur la surface de tous les liquides qui possèdent l'*épipolicité huileuse*.

288. Il résulte de ces expériences que les courants épipoliques produits par la chaleur locale appliquée à la surface des liquides qui possèdent l'épipolicité aqueuse ont une direction inverse de celle que présentent les courants épipoliques qui, sous l'influence de la même cause, se manifestent à la surface des liquides qui possèdent l'épipolicité huileuse. Ce phénomène, qui est parfaitement visible lorsque la chaleur est appliquée latéralement à la surface des liquides, n'est pas apercevable lorsque la chaleur est appliquée à une partie médiane de la surface de ces mêmes liquides. Alors il y a bien à la fois des courants calorifuges partant en divergeant du point échauffé, et des courants de retour dirigés en convergeant vers ce même point échauffé, mais on ne peut distinguer si ces courants se comportent différemment sur l'eau et sur l'huile, ce qui, toutefois, ne peut être douteux,

289. On se tromperait si l'on considérait les courants *de retour* qui ramènent le courant épipolique primitif à son point d'origine, comme de simples remous analogues à ceux que l'on observe souvent dans les courants d'eau arrêtés par un obstacle. Des observations déjà exposées dans la première partie de cet ouvrage (220) ont prouvé qu'il est dans la nature des courants épipoliques d'affecter la forme de tourbillons.

290. La considération de la direction des courants épiliques produits par l'application locale et latérale de la cha-

leur aux surfaces des liquides est le plus sûr des moyens par lesquels on puisse déterminer d'une manière précise et certaine quelle est la nature de l'épipolicité d'un liquide, lorsque cette propriété existe ; car il est des circonstances où elle ne se manifeste pas. J'ai eu fréquemment occasion de faire observer, dans la première partie de cet ouvrage , que les courants épipoliques ne peuvent s'établir ou cessent d'exister, s'ils étaient établis, lorsque la surface des liquides vient à être couverte d'un enduit étranger. Si, par exemple, la surface de l'eau est recouverte par un voile léger, même tout à fait inapercevable d'une substance huileuse, les mouvements épipoliques s'abolissent sur cette surface, ou ne peuvent s'établir. Il en est de même de la surface du mercure : les enduits pulvérulens, tels que les couches d'oxide ou les enduits graisseux qui peuvent recouvrir ce métal produisent l'abolition des courants épipoliques sur sa surface, ou empêchent que ces courants ne puissent s'y établir sous l'influence des causes susceptibles de leur donner naissance. L'un des moyens les plus commodes pour savoir si la surface de l'eau ou celle du mercure est *épipolique* , c'est d'y déposer une parcelle de camphre , laquelle y prendra un mouvement spontané si la surface est *épipolique* , et y demeurera immobile si elle ne l'est pas.

291. Le mercure du commerce n'a jamais de surface épipolique, elle est toujours ternie soit par une couche d'oxide soit par un enduit gras. Le mercure, distillé lui-même, n'a pas ordinairement sa surface assez nette pour que le camphre puisse s'y mouvoir. Pour débarrasser la surface de ce métal des enduits étrangers qui lui ôtent son épipolicité, je l'agite avec de l'acide sulfurique , puis j'enlève ce dernier par des lotions multipliées avec de l'eau pure. Lorsque j'ai suffisamment lavé le mercure pour que la présence de l'acide

sulfurique ne soit plus indiquée dans l'eau du lavage par le goût, j'épuise l'eau restante avec une pipette, puis je laisse le mercure se sécher complétement au soleil et en plein air ; enfin, lorsqu'il est sec, je le filtre, dans un entonnoir de verre, au travers d'un papier épais percé de petits trous. De cette manière, j'obtiens du mercure dont la surface est bien épipolique.

292. J'ai mis de ce mercure, dont la surface était bien épipolique, dans le vase de verre a, a (fig. 42) appartenant à l'un ou à l'autre des deux appareils décrits plus haut (284). Dans l'un de ces appareils, le mercure était en contact immédiat, au bord de sa surface, avec le bout du fil de platine b, c, échauffé au point d, à 50 millimètres du vase, par la flamme d'une lampe à alcool ; dans l'autre appareil, le bord de la surface du mercure était séparé du bout du fil métallique par une faible épaisseur du verre non entièrement perforé dans cet endroit. Dans l'un et dans l'autre appareil le bord de la surface du mercure se trouvait ainsi recevoir en un point c la chaleur que le fil métallique lui transmettait. Or, dans les expériences faites avec chacun de ces appareils, je vis constamment le courant épipolique offrir, à la surface du mercure, la direction qui est représentée par la figure 42, c'est-à-dire qu'il se manifesta un courant calorifuge unique $c\ o$, situé dans l'axe épipolique, courant qui se divisa en o en deux courants de retour latéraux o, m, i; o, n, i qui revinrent vers le point c, pour rentrer dans le courant calorifuge central. Cette direction du courant épipolique à double tourbillon est, comme on le voit, la même que celle qui a été observée précédemment (287) sur les liquides qui possèdent l'*épipolicité huileuse*. C'est donc cette *épipolicité huileuse* que possède le mercure. Dans cette expérience, que j'ai depuis répétée bien des fois, j'ai vu con-

stamment le courant épipololique cesser au bout d'environ
dix minutes, et cela malgré la continuation de l'action de
la chaleur; jamais il n'a pu être subséquemment rétabli. Le
mercure soumis pendant un certain temps à cette expérience
finit donc par perdre son épipolicité ; il ressemble alors, sous
ce point de vue, à du mercure qui posséderait un enduit
gras, cas auquel il n'y aurait point, sur sa surface, d'établissement de courant épipolique par l'influence de la chaleur
locale. Je n'ai pu attribuer cette abolition de l'épipolicité du
mercure qu'à la formation à sa surface d'une couche très-
mince et inapercevable d'oxide, car, avant chaque expérience, j'avais soigneusement débarrassé les vases de verre
qui y étaient employés de tout enduit de substance organique, au moyen de lotions avec l'acide sulfurique concentré. Je vis que des parcelles de camphre placées sur ce mercure qui avait perdu son épipolicité n'y prenaieut point de
mouvement. Ces expériences ont été faites par des températures de + 15 à + 20 degrés C.

293. Un fait qui paraîtra paradoxal, c'est qu'il existe des
liquides aqueux qui possèdent l'épipolicité huileuse; telles
sont les solutions très-concentrées de potasse. J'ai dissous
trois parties de potasse à l'alcool, dont deux parties d'eau,
et j'ai mis cette solution dans le second des appareils décrits
plus haut (284), appareil dans lequel un fil de platine traversant la paroi du vase de verre se trouve en contact immédiat avec le liquide contenu dans ce vase. La chaleur
transmise par le fil de platine au bord de la surface de la
solution concentrée de potasse produisit, sur cette surface,
un courant épipolique à double tourbillon semblable à celui
qui se manifeste, dans les mêmes circonstances, sur la surface de l'huile ou de l'alcool et qui est représenté par la
figure 42. Lorsque, en remplacement de cette solution très-

concentrée de potasse, j'ai employé, pour la même expérience, des solutions aqueuses qui ne contenaient que 1/20, 1/30, 1/50 de leur poids de potasse, il s'est manifesté, à la surface de ces liquides, un courant épipolique à double tourbillon semblable à celui qui, en pareille circonstance, a lieu à la surface de l'eau, et qui est représenté par la figure 41. J'observai, dans ces expériences, que toutes les fois que le liquide était assez élevé pour recouvrir complétement le bout du fil de platine, le courant épipolique cessait immédiatement ; il se rétablissait en ôtant, avec une pipette, un peu du liquide de manière à ce que le bout du fil de platine se trouvât en rapport *avec le bord de la surface* de ce liquide. Ce fait, au reste, est général, mais il m'a paru plus facile à constater dans le cas présent que dans tous les autres.

294. Il résulte des expériences précédentes que les solutions aqueuses très-concentrées de potasse possèdent l'épipolicité huileuse, tandis que les solutions aqueuses peu concentrées du même alcali possèdent l'épipolicité aqueuse. J'ai tenté de déterminer la *densité moyenne* qui sépare ces deux sortes de solutions alcalines, lesquelles possèdent une épipolicité différente, mais je n'ai pu y parvenir au moyen du genre d'expériences dont il est ici question. J'ai trouvé que les solutions aqueuses de potasse intermédiaires, pour leur densité, aux solutions très-lentes et aux solutions peu denses n'offrent point de courants épipoliques à leur surface sous l'influence de la chaleur, et cela dans une très-grande latitude.

295. Après avoir déterminé, par l'expérience, quelle est la direction des courants épipoliques produits sur la surface des divers liquides par l'influence de la chaleur localement appliquée à la surface de ces liquides, il était nécessaire d'expérimenter ce qui adviendrait, dans des expériences analogues, de l'application locale du froid. Voici l'appareil que j'ai employé pour faire ces nouvelles expériences; il est représenté par la figure 43; il est pareil à celui qu'offrent les figures 41 et 42, à l'exception que la flamme d, qui, dans ces dernières figures, échauffe le fil métallique $b\,c$, est remplacée par un appareil réfrigérant, lequel consiste en un vase de faïence $d\,d$ (fig. 43), lequel est rempli d'eau de source à la température de $+ 13$ degrés C. eau que traverse le fil de laiton b, c, qui a 1 millimètre 1/2 de diamètre. Des trous sont pratiqués au vase de faïence $d\,d$ pour le passage de ce fil métallique, lequel traverse les bouchons de liége qui bouchent ces trous. Un écran de carton $f\,f$, traversé par le fil métallique, est interposé au vase réfrigérant $d\,d$ et au vase de verre $a\,a$ qui contient le liquide destiné à l'observation des courants épipoliques. Cet écran est destiné à soustraire le vase a, a à l'action refroidissante directe du vase $d\,d$; cette action refroidissante ne devant parvenir au liquide qu'il contient que par l'intermédiaire du fil métallique $b\,c$, lequel est en contact immédiat, au point c, avec ce liquide; le vase de verre $a\,a$ étant complétement perforé dans ce point, et le fil métallique traversant le bouchon de liége qui forme ce trou. Dans cette figure, l'appareil est censé être vu de haut en bas, comme cela a lieu pour les figures 41 et 42.

296. J'ai mis dans le vase a, a de l'eau qui avait emprunté de l'air ambiant la température de $+ 26$ degrés. (C'était pendant les fortes chaleurs de l'été que je faisais ces expériences.) Si j'avais eu de la glace à ma disposition, je l'aurais préférée à de l'eau de source pour remplir le vase $d\,d$, l'effet refroidissant eût été bien plus énergique; toutefois l'eau de source à $+ 13$ degrés C. m'a suffi pour obtenir les effets que

je cherchais ; il y avait entre cette eau à + 13 degrés , et l'eau à + 26 degrés que contenait le vase $a\ a$, une différence de température de 13 degrés, et l'effet refroidissant qui en est résulté a été suffisant. L'eau à + 26 degrés contenue dans le vase $a\ a$ refroidie au point c par le fil métallique qui était au niveau de sa surface et qui lui apportait la température de + 13 degrés qu'il avait prise en traversant l'eau contenue dans le vase $d\ d$, l'eau du vase $a\ a$, dis-je, présenta à sa surface deux courants épipoliques *frigoripètes* o, n, c ; o, m, c, situés des deux côtés de l'axe épipolique, courants qui, arrivés près du point c, ou en i, se réunirent pour former un seul courant *de retour* situé dans l'axe épipolique, courant qui, parvenu en o, se divisa en deux branches pour rentrer dans les deux courants épipoliques *frigoripètes*. Cette direction des courants épipoliques à la surface de l'eau est exactement inverse de celle qui est produite par la chaleur locale appliquée au bord de la surface de ce liquide et qui est indiquée dans la figure 41. Ainsi lorsque la surface de l'eau reçoit localement une *chaleur en plus* ou supérieure à celle qu'elle possède, elle offre bilatéralement deux courants épipoliques *calorifuges* et un courant de retour unique situé dans l'axe épipolique (fig. 41). Lorsque, au contraire, la surface de l'eau reçoit localement une *chaleur en moins,* ou inférieure à celle qu'elle possède, elle offre un courant épipolique qui est inverse du précédent ; il paraît *frigoripète* de chaque côté de l'axe épipolique (fig. 43), mais il est toujours effectivement *calorifuge* ; il se dirige par deux courants latéraux, de la surface du liquide qui possède la *chaleur en plus* vers le point de cette surface qui possède la *chaleur en moins,* ou qui est refroidi.

297. J'ai substitué de l'alcool à l'eau dans le vase $a\ a$ (fig. 43). On a vu plus haut (286) que lors de l'application

locale de la chaleur au bord de la surface de l'alcool, on obtient un courant épipolique qui est calorifuge dans l'axe épipolique, et qui se divise en deux courants de retour latéraux, ainsi que cela est représenté par la figure 42. Or c'est un courant inverse que l'on observe en substituant l'action refroidissante du fil métallique à son action échauffante. Le courant épipolique est alors semblable, pour sa direction, à celui qui est produit par la chaleur locale appliquée au bord de la surface de l'eau, et qui est représenté par la figure 41. Que l'on substitue ce courant épipolique, à double tourbillon, à celui qui est représenté dans la figure 43, et l'on aura le courant épipolique qui est produit sur la surface de l'alcool par le refroidissement du bord de sa surface au point *c*. Alors le courant épipolique *frigoripète* ou plutôt *calorifuge* est unique, et il est dirigé, dans l'axe épipolique, de la surface de l'alcool qui a conservé sa température naturelle, vers le point de cette même surface qui est refroidi, c'est-à-dire de la *chaleur en plus* vers la *chaleur en moins*. Il y a alors deux courants de retour, un de chaque côté de l'axe épipolique.

298. J'ai répété ces expériences pendant l'hiver, lorsque la température naturelle de l'eau était à + 12 degrés C. Je me suis alors servi de glace pour opérer, dans mes appareils, le refroidissement, qui était ainsi de 12 degrés. J'ai obtenu les mêmes résultats que ceux qui viennent d'être exposés. Cependant je dois dire que ceux qui ont été obtenus par l'application du froid de la glace fondante à de l'eau dont la température était à + 12 degrés, ont été moins marqués que ceux que j'avais obtenus, pendant l'été, lorsque j'appliquais le froid de l'eau de source à + 13 degrés, à de l'eau dont la température naturelle était à + 26 degrés. Il me paraît donc qu'à cette température élevée, l'eau est plus

propre à la manifestation des phénomènes épipoliques,
qu'elle ne l'est à une température beaucoup plus basse.
J'aurais pu, il est vrai, employer de l'eau artificiellement
échauffée dans mes expériences faites en hiver, mais je
n'aurais pu compter sur l'exactitude de leurs résultats, parce
que l'eau, artificiellement élevée à une température bien
supérieure à celle de l'air ambiant, aurait éprouvé, de la
part de ce dernier, une action refroidissante, qui aurait certainement troublé les expériences et altéré leurs résultats.

299. Il résulte de ces expériences que le courant épipolique à double tourbillon produit par l'application locale de
la *chaleur en plus*, au bord de la surface de l'eau, est semblable à celui qui est produit par l'application locale de la
chaleur en moins au bord de la surface de l'alcool, et que le
courant épipolique produit par l'application locale de la
chaleur en moins, au bord de la surface de l'eau, est semblable à celui qui est produit par l'application locale de la
chaleur en plus au bord de la surface de l'alcool, lequel représente ici tous les autres liquides qui possèdent l'épipolicité huileuse.

300. Il n'est pas nécessaire que la variation locale de
température soit communiquée à la surface des liquides par
le contact d'un corps solide, pour qu'elle y détermine la
production du courant épipolique qui doit résulter de cette
variation. J'ai expérimenté qu'en approchant simplement
du bord de la surface de l'eau ou de l'alcool le bout courbé
en crochet d'un fil métallique, échauffé plus loin d'une manière continue par une flamme, on détermine, sur la surface de ces deux liquides, la production des mêmes courants
épipoliques qui se manifesteraient si le bout du fil métallique échauffé était en contact immédiat avec le liquide.

301. Lorsqu'il y a, au bord de la surface d'un liquide,

échauffement dans un point et refroidissement dans un autre
point, la portion médiane du courant épipolique tourbillonnant, celle qui est commune aux deux tourbillons accolés,
est toujours dirigée selon la ligue qui joint ces deux points,
quelle que soit leur position l'un par rapport à l'autre. C'est
ce qui va être prouvé par l'expérience suivante. De l'eau
qui avait emprunté de l'air ambiant la température de + 26
degrés, a été mise dans le vase de verre $a\,a$ (fig. 44), dont
les parois perforées complétement aux deux points b et c,
qui ne sont point sur le même diamètre du vase, laissent
pénétrer, dans l'intérieur de ce dernier, deux gros fils de
laiton $d\,b$ et $f\,c$ dont les extrémités b et c sont en contact
avec le bord de l'eau, au niveau de sa surface. Le fil métallique $d,\,b$ est échauffé en g par la flamme d'une lampe à
alcool ; le fil métallique $f\,c$ traverse un vase de faïence $h\,h$,
lequel est rempli d'eau de source à la température de + 13
degrés. Ainsi il y a échauffement de l'eau du vase $a\,a$ au
point b, et refroidissement de cette même eau au point c.
C'est, comme on le voit, l'association, en une seule expérience, des deux expériences qui ont été exposées plus haut
(285 et 296), et qui se rapportent aux deux figures 41 et 43.
Dans la première de ces expériences (fig. 41), le courant
médian $o\,i$, commun aux deux tourbillons, est dirigé vers le
point échauffé c, et situé dans celui des diamètres du vase
qui passe par ce même point c, diamètre auquel j'ai donné
le nom d'*axe épipolique* (96). Dans la seconde de ces expériences (fig. 43), le courant médiant $i\,o$ prend son origine au
point refroidi c, et il est situé de même dans le diamètre
désigné sous le nom d'*axe épipolique*. Il doit résulter de là
que, dans ma nouvelle expérience (fig. 44), le courant médian $i\,o$ doit prendre son origine au point refroidi c, et se
diriger vers le point échauffé b. C'est effectivement ce qui

a lieu, en sorte que le courant médian se trouve ici situé , non plus dans l'axe épipolique , mais dans la ligne oblique qui joint le point *c* au point *b*, ligne qui divise en deux parties inégales la surface circulaire de l'eau. Si l'on remplace l'eau qui est dans le vase *a a* par de l'alcool, en laissant, du reste, l'expérience disposée comme elle l'est dans la fig. 44, on observe seulement une direction inverse dans le courant épipolique à double tourbillon représenté dans cette figure. Le courant médian, commun aux deux tourbillons, est alors dirigé du point échauffé *b* vers le point refroidi *c*.

302. Ces expériences me mettent à même de déterminer exactement la signification de cette expression, *axe épipolique*. Lorsque sur le bord de la surface d'un liquide il n'y a qu'un seul point qui soit ou échauffé ou refroidi, on observe que, en supposant la surface circulaire, c'est le diamètre de cette surface, lequel passe par le point dont la température est modifiée, qui est parcouru par le courant médian commun aux deux tourbillons accolés. N'est-il pas évident que, dans ce cas, le diamètre parcouru par le courant médian représente la ligne qui joindrait deux points, l'un d'échauffement, et l'autre de refroidissement? En supposant donc qu'il y ait échauffement à l'une des extrémités du diamètre parcouru par le courant médian, et que le liquide soit de l'alcool, le courant médian qui partira du point échauffé, ou qui possède la *chaleur en plus*, devra tendre à se diriger vers tout le reste de la surface liquide qui, pourvue d'une chaleur inférieure et uniforme, possède ainsi la *chaleur en moins*. Or cette direction du courant calorifuge vers toute la surface du liquide ne peut avoir lieu, puisqu'il faut nécessairement que les courants *de retour* y trouvent leur place, laquelle doit se trouver aux deux côtés du courant médian ; ce dernier, ou le courant épipolique

calorifuge, en partant du point échauffé situé à la circonférence, devra donc suivre, sur la surface du liquide, le diamètre qui passe par ce point. La partie de la surface située
sur ce diamètre agira ainsi sur la direction du courant médian calorifuge, comme le ferait un point refroidi ; et effectivement elle possède la *chaleur en moins*, par rapport au
point échauffé qui possède la *chaleur en plus*; elle représente à cet égard la totalité de la surface dont la température est uniforme.

303. Je viens actuellement à considérer le cas où la température de la surface de l'alcool ne serait pas uniforme,
où il y aurait une des parties situées de côté et d'autre du
diamètre qui passe par ce point échauffé qui posséderait une
température différente de celle du côté opposé. Alors la
théorie indique et l'expérience démontre que le courant
médian commun aux deux tourbillons s'infléchit vers le
côté dont la température est inférieure à celle du côté
opposé ; il cesse d'être situé dans le diamètre qui passe par
le point échauffé. Ainsi, en mettant dans un vase de verre ab
(fig. 45) de l'alcool qui recevra en c, au bord de sa surface,
le contact du fil métallique dc échauffé au point g par une
flamme, le courant épipolique calorifuge et médian serait
situé dans le diamètre co si la température de l'alcool était
uniforme ; mais si l'on refroidit le côté b, par exemple, en
mettant là de la glace en contact avec la paroi extérieure du
vase, l'alcool sera refroidi de ce côté, et l'on verra le courant
épipolique calorifuge et médian ci s'infléchir de ce côté b,
comme on le voit dans la figure. Le même effet sera obtenu
si, au lieu de refroidir le côté b du vase, on échauffe un
peu son côté a. Dans l'un et dans l'autre cas, le côté a de
la surface du liquide possédera la *chaleur en plus* relativement au côté b de cette même surface, qui possédera la

chaleur en moins, et, en cette qualité, il concourra avec la plus forte *chaleur en plus* appliquée au point *c* pour donner au courant épipolique calorifuge, la direction de la ligne oblique *c i*. En employant de l'eau en place d'alcool, on observe des courants dont la direction est inverse, mais dont l'inflexion générale est la même.

304. Ainsi ce que j'ai nommé *axe épipolique* est la ligne qui partage en deux parties égales une surface dont la température est semblable de chaque côté de cette ligne ; c'est en vertu de cette similitude de température que le diamètre indiqué est occupé par le courant médian commun aux deux tourbillons qui, par leur assemblage, constituent le courant épipolique. Lorsque la similitude de température n'existe point entre les deux côtés de la surface du liquide situés de part et d'autre du diamètre qui passe par le point échauffé ou refroidi du bord de cette surface, le courant médian commun aux deux tourbillons épipoliques s'infléchit d'un côté ou de l'autre.

305. On a vu plus haut (292) que le mercure, sous l'influence de la chaleur appliquée localement au bord de sa surface, présente, sur cette dernière, un courant épipolique semblable à celui qui s'observe, dans le même cas, sur les liquides huileux ; je vais faire voir actuellement que le même courant épipolique se manifeste sur la surface de ce métal lorsqu'elle est recouverte d'eau.

306. J'ai répété l'expérience rapportée plus haut (291) avec cette seule différence que le mercure, au lieu d'être à l'air libre, avait sa surface recouverte de sept à huit millimètres d'eau de source. Le bord de la surface de ce métal, contenu dans le vase *a a* (fig. 42), était en contact immédiat, au point *c*, avec le bout d'un fil de platine d'un millimètre de diamètre *b c*, lequel traversait le bouchon de liége au

moyen duquel était bouché le trou pratiqué au vase de
verre. Ce fil était échauffé par la flamme d d'une lampe à
alcool à la distance de 50 millimètres du vase, duquel cette
lampe était séparée par un écran de carton ff. Il s'établit,
sur la surface du mercure, un courant épipolique calorifuge
dans le sens du diamètre de la surface du mercure, et partant du point de cette surface qui était en contact avec le fil
de platine, comme on le voit dans la figure ; ce courant
central se divisa au point o en deux courants latéraux pour
revenir au point i joindre de chaque côté le courant calorifuge mé lian. Ce mouvement se voyait à l'aide d'une petite
quantité d'argile très-divisée que j'avais mise sur la surface
du mercure. C'est, comme on le voit, un mouvement épipolique exactement semblable à celui que l'on observe (291)
sur la surface du mercure exposé à l'air libre. Dans cette
expérience, la surface de l'eau n'offrait aucun mouvement,
ce dont je m'assurai en y mettant flotter de la râpure de
liége. Le courant épipolique qui existait sur la surface du
mercure s'arrêta après avoir duré environ un quart d'heure,
quoique le fil de platine continuât à être chauffé; et il me
fut impossible de le rétablir subséquemment, dans les ten-
tatives réitérées que je fis pour cela pendant deux jours. La
surface du mercure avait perdu son épipolicité, et je ne
pus découvrir à quoi tenait la perte de cette propriété.
Avant de faire cette expérience, je m'étais assuré de l'existence de cette propriété à la surface du mercure en y déposant une parcelle de camphre, qui y avait pris son mouvement spontané ordinaire. J'ai expérimenté que lors de
l'absence de ce mouvement du camphre, absence qui attestait celle de l'épipolicité de la surface du mercure, ce métal
recouvert d'eau n'offrait point de courant épipolique sur sa
surface dans l'expérience qui vient d'être décrite, laquelle

a été faite par une température de + 20 à 22 degrés C.

307. J'ai expérimenté que le mercure pourvu de toute son épipolicité naturelle la perd assez promptement par le fait seul de sa submersion sous l'eau, même la plus pure. J'établis l'expérience ainsi que cela est décrit plus haut (306), à l'exception que, dans le principe, le fil de platine ne fut point chauffé. Un quart d'heure après que le mercure eut été couvert d'eau, je chauffai le fil de platine, et je vis le mouvement épipolique s'établir sur la surface du mercure. J'éteignis de suite la lampe, et le mouvement s'arrêta. Ayant chauffé de nouveau le fil de platine, une demi-heure après il ne se manifesta aucun mouvement à la surface du mercure. La température était à + 21°. Ayant mis en expérience de nouveau mercure bien pourvu de son épipolicité naturelle, la chaleur, appliquée au fil de platine une heure après que le mercure eut été couvert d'eau, ne produisit, sur la surface de ce métal, qu'un léger indice de mouvement épipolique, lequel s'arrêta immédiatement. Plusieurs expériences analogues, dans lesquelles le fil de platine fut chauffé deux heures, trois heures, ou plus, après la submersion du mercure, me firent voir constamment l'absence du courant épipolique à la surface de ce métal; ce courant apparut assez constamment lorsqu'il s'était écoulé moins d'une heure entre le moment de la submersion du mercure et celui de l'application de la chaleur au fil de platine. La température de l'air ambiant varia de + 20 à + 25 degrés pendant ces expériences, qui prouvent que l'épipolicité du mercure s'abolit par le seul fait de sa submersion sous l'eau, et cela dans l'espace d'une heure environ, lorsque la température est aux degrés que je viens d'indiquer.

308. Lorsque le mercure est recouvert par de l'huile fixe ou essentielle ou par de l'alcool, la chaleur, appliquée loca-

lement au bord de sa surface, n'y produit aucun mouvement épipolique. Ainsi, l'épipolicité du mercure se trouve abolie dès l'instant de sa submersion sous un liquide hydrogéné combustible. Cela ne provient point de ce que ces liquides hydrogénés possèdent l'épipolicité huileuse, car le mercure, submergé sous une solution aqueuse de potasse assez dense pour posséder l'épipolicité huileuse (293), offre néanmoins un courant épipolique sur sa surface, sous l'influence de la chaleur localement appliquée à cette surface, ainsi qu'on va le voir.

309. Du mercure pourvu de toute son épipolicité naturelle a été recouvert, dans diverses expériences, par des solutions aqueuses de potasse à l'alcool de diverses densités, depuis les plus faibles jusqu'à celle qui résulte de la solution de trois parties de potasse dans deux parties d'eau. La chaleur était appliquée localement au bord de la surface du mercure au moyen de celui des deux appareils décrits plus haut (284), dans lequel le fil métallique échauffé est séparé du liquide par une faible épaisseur du verre. Bien que les solutions aqueuses très-denses de potasse possèdent une épipolicité inverse de celle que possèdent les solutions aqueuses peu denses du même alcali, j'ai constamment observé, sur la surface du mercure recouvert par toutes ces solutions, le même courant épipolique, savoir : celui qui est calorifuge dans l'axe épipolique et qui est représenté dans la figure 42. Il arrive souvent que, dans ces expériences, il ne se manifeste point de courant épipolique sur la surface du mercure, ce qui provient de ce que ce métal n'a pas sa surface pourvue de toute son épipolicité naturelle. Or, même dans le cas où cette propriété est dans son intégrité, les courants épipoliques sont toujours faibles et lents sur le mercure recouvert par des solutions aqueuses de potasse, et

ils tardent peu à s'abolir de la même manière que cela a lieu lorsque le mercure est recouvert d'eau. Ainsi l'épipolicité du mercure s'abolit spontanément lorsqu'il est recouvert par des solutions aqueuses alcalines, comme lorsqu'il est recouvert d'eau pure. J'en dirai autant des solutions salines. Il n'en est pas de même lorsque le mercure est recouvert d'acide sulfurique. J'ai mis dans l'appareil employé pour les expériences précédentes du mercure distillé que j'ai recouvert avec un mélange d'une partie d'acide sulfurique pur et de deux parties d'eau distillée. La chaleur était communiquée localement au bord de la surface du mercure au travers de la faible épaisseur du verre, incomplétement percé pour recevoir le bout du fil métallique échauffé. Le courant épipolique représenté par la figure 42 s'établit. Après l'avoir observé pendant une heure sans qu'il se fût affaibli, j'éteignis la lampe, et le courant cessa. Deux heures après, je chauffai de nouveau le fil métallique, et le courant épipolique se rétablit immédiatement à la surface du mercure, tel qu'il avait existé dans le principe. J'éteignis la lampe, et je laissai l'appareil en place. Vingt-quatre heures après, je chauffai de nouveau le fil métallique, mais ce fut sans résultat ; il ne s'établit point de courant épipolique à la surface du mercure, qui s'était couvert d'un enduit blanchâtre, lequel était ou une couche d'oxyde ou une couche de sulfate insoluble de mercure. Cet enduit, en enlevant au métal son poli naturel, avait aboli son épipolicité. Ayant fait la même expérience en recouvrant le mercure avec de l'acide sulfurique concentré, je n'ai observé qu'un courant épipolique à peine perceptible et qui n'a duré que pendant une à deux minutes, ce que j'ai attribué à ce que cet acide concentré couvre promptement la surface du mercure d'un enduit qui lui enlève son épipolicité.

310. Les expériences précédentes ont prouvé que le courant épipolique produit par la chaleur locale appliquée au bord de la surface du mercure est toujours calorifuge dans l'axe épipolique, soit que ce métal soit à l'air libre, soit qu'il soit recouvert par de l'eau ou par un liquide aqueux quelconque : on va voir qu'il en est encore de même lorsque le mercure est amalgamé avec du potassium. J'ai ajouté à du mercure pur un peu d'amalgame de potassium et, l'ayant mis dans le vase de verre dont la perforation incomplète recevait le bout du fil métallique destiné à transmettre la chaleur au travers du verre, en un point du bord de la surface de ce métal amalgamé, je couvris ce dernier avec une solution d'une partie de potasse caustique dans 49 parties d'eau. La température était alors à + 24° C. Il se manifesta un courant épipolique assez vif et dirigé de manière à être calorifuge dans l'axe épipolique, ainsi que cela est représenté dans la figure 42. Je m'aperçus que ce courant était troublé dans sa direction par une autre cause de production des courants épipoliques, cause que j'ai déjà signalée dans la première partie de cet ouvrage (205, 206, 209, 212). Cette cause est l'existence d'un peu d'huile de naphte à la surface du mercure, huile qui avait été apportée avec l'amalgame de potassium. Je vais étudier ici ce second phénomène que je me suis contenté d'indiquer dans la première partie de cet ouvrage (205, 206) sans remonter à sa cause.

311. Lorsqu'on ajoute à du mercure pur recouvert d'eau ou d'une solution aqueuse d'alcali un peu d'amalgame de potassium conservé sous l'huile de naphte, la petite quantité de cette huile que l'on apporte avec l'amalgame se répand, sous forme de couche légère, sur la surface du mercure, et y demeure adhérente malgré sa légèreté spé-

cifique plus grande que celle du liquide aqueux qui recouvre ce métal. Bientôt toute cette huile se réunit en une
seule plaque sur une partie de la surface du mercure, laissant le reste de cette surface parfaitement nette ; sur cette
partie nette de la surface du mercure amalgamé de potassium on voit un courant épipolique se diriger de toutes
parts vers la plaque d'huile de naphte comme vers un centre.
C'est ce courant qui a balayé de dessus la surface du mercure toute l'huile de naphte et qui l'a réunie en un seul
endroit, et voici par quel mécanisme. Il s'était établi
d'abord, sur la surface du mercure, plusieurs courants
épipoliques affluents vers plusieurs centres occupés par de
petites plaques d'huile de naphte qui toutes avaient le pouvoir de déterminer vers elles la direction de ces courants ;
mais bientôt le plus puissant de ces courants, c'est-à-dire
celui qui avait pour centre la plaque d'huile de naphte la
plus étendue, avait entraîné les petites plaques d'huile vers
la plus grande de ces plaques et les avait réunies à cette
dernière, en sorte qu'il n'y avait plus alors sur la surface
du mercure qu'une seule plaque d'huile de naphte et un
seul courant épipolique convergeant vers cette plaque. Cette
dernière, par l'effet impulsif du courant convergent dont
elle était l'aboutissant, courant qui devait nécessairement
avoir une force inégale des différents côtés, prit du mouvement sur la surface du mercure. Quelle est la cause de ce
courant épipolique ? Cette cause, que je n'ai point déterminée dans la première partie de cet ouvrage, se trouve
évidemment dans la différence de température qui existe
en divers points de la surface du mercure amalgamé de
potassium et recouvert immédiatement, ici par le liquide
aqueux, et là par la couche d'huile de naphte qui lui
adhère. Partout où le potassium se trouve en contact avec

l'eau, il la décompose et s'empare de son oxygène pour former de la potasse caustique ; c'est une combustion qui produit un dégagement de chaleur ; partout où la surface du mercure amalgamé de potassium est garantie du contact de l'eau par une plaque d'huile de naphte, il n'y a point de combustion du potassium et, par conséquent, il n'y a point de dégagement de chaleur ; la surface du mercure possède donc, dans ces derniers endroits, moins de chaleur que dans ceux qui sont en contact immédiat avec l'eau et dans lesquels s'opère la combustion du potassium. Or, par le fait même de cette différence de température entre des endroits déterminés de la surface du mercure, il doit s'établir des courants épipoliques sur cette surface. L'expérience apprend que ces courants sont ici dirigés de la partie de la surface qui possède *la chaleur en plus*, c'est-à-dire de celle où s'opère la combustion du potassium, vers la partie de cette même surface qui possède *la chaleur en moins*, c'est-à-dire vers celle où il n'y a point de combustion du potassium. Telle est la véritable cause de l'existence des courants épipoliques observés dans cette circonstance. Lorsque la chaleur artificielle est appliquée localement au bord de la surface du mercure amalgamé de potassium, ainsi qu'on l'a vu plus haut (310), il tend à s'établir un courant épipolique calorifuge partant du point de la surface qui est artificiellement échauffé, et ce courant, qui s'établit en effet, est en lutte continuelle avec le courant épipolique différent de direction qui est produit par la présence, à la surface du mercure, de la plaque d'huile de naphte, en sorte que ces deux courants se troublent mutuellement.

312. Pour que le courant épipolique produit par la chaleur artificielle agît seul dans l'expérience qui vient d'être

exposée, il faudrait qu'il n'y eût point d'huile de naphte à
la surface du mercure amalgamé de potassium ; il faudrait
donc que cet amalgame fût fait autrement qu'en employant
le potassium en nature, lequel est toujours conservé sous
l'huile de naphte. Or, j'ai atteint ce but en amalgamant
directement du potassium avec le mercure au moyen de
l'action de la pile voltaïque, par le procédé suivant que j'ai
déjà indiqué (196) : je couvre le mercure pur d'une solution
aqueuse de potasse ; puis, au moyen de fils de platine, je
mets la solution en communication avec le pôle positif de
la pile, et le mercure en communication avec le pôle négatif. Le fil de platine qui établit cette dernière communication traverse la solution alcaline. Au bout de trois à
quatre minutes, le mercure se trouve amalgamé avec une
suffisante quantité de potassium pour pouvoir faire l'expérience exposée ci-dessus (310). Lorsque la chaleur artificielle est appliquée localement au bord de la surface de
ce mercure amalgamé de potassium et cela au travers de
la faible épaisseur du verre incomplétement perforé, on
voit s'établir immédiatement le courant calorifuge dans
l'axe épipolique, tel qu'il est représenté par la figure 42.
Ce courant existe seul puisqu'il n'y a point d'huile de
naphte à la surface du mercure, huile qui était ci-dessus
(311) cause productrice d'un autre courant épipolique ;
bientôt cependant on voit apparaître une autre cause de
production de courant épipolique, qui vient encore troubler,
quoique faiblement, le courant épipolique produit par la
chaleur artificielle. Cette cause est l'adhérence, à la surface
du mercure, des bulles de gaz hydrogène qui proviennent
de la décomposition de l'eau. J'ignore pourquoi les bulles
de ce gaz, malgré leur grande légèreté spécifique, demeurent adhérentes à la surface du mercure recouvert par la

solution aqueuse alcaline. A mesure que ces bulles se dégagent, elles se joignent à celles qui étaient déjà fixées à la surface du mercure. Il résulte de là que, dans l'endroit où ces bulles de gaz sont rassemblées, le potassium amalgamé avec le mercure se trouve soustrait au contact de l'eau, tandis que ce contact existe sur tout le reste de la surface du mercure ; il y a donc absence de la combustion du potassium au-dessous des bulles de gaz hydrogène agglomérées, tandis que cette combustion existe sur tout le reste de la surface du mercure ; par conséquent, il doit s'établir un courant épipolique qui de toute la surface en contact avec l'eau, surface où il y a *chaleur en plus*, doit se diriger en convergeant vers la partie de la surface qui est soustraite au contact immédiat de l'eau par les bulles de gaz hydrogène, partie de la surface où il y a absence de combustion du potassium et, par conséquent, *chaleur en moins*. C'est effectivement ce que l'on observe, et ce nouveau courant épipolique vient troubler dans son exercice celui qui, produit par la chaleur artificielle, existait seul et sans obstacle dans le commencement de l'expérience. Les bulles de gaz hydrogène, par le fait de leur adhérence à la surface du mercure, remplissent ainsi un office exactement semblable à celui que remplissait précédemment (311) une plaque d'huile de naphte adhérente de même à la surface du mercure amalgamé de potassium et recouvert par une solution aqueuse alcaline. Ainsi ce n'est point en vertu de leur nature que l'huile de naphte et le gaz hydrogène produisent les courants épipoliques dont il est ici question ; c'est en vertu de leur adhérence ou de leur intime application à la surface du mercure.

313. J'ai eu soin de faire observer que, pour faire les expériences précédentes (310, 311, 312), il était nécessaire

d'employer un vase de verre incomplétement perforé, afin que la chaleur transmise par le fil métallique échauffé parvînt au mercure au travers d'une faible épaisseur du verre. Si, en effet, on se servait, pour ces expériences, d'un vase de verre dont la perforation complète mettrait le fil métallique échauffé en contact immédiat avec le mercure, on obtiendrait des phénomènes inverses, et dont je m'occuperai plus bas (382).

314. Les expériences qui précèdent (305 à 310) établissent ce fait très-important, que la chaleur appliquée, localement à la surface du mercure recouvert d'un liquide aqueux quelconque, y produit des courants épipoliques de la même manière que cela aurait lieu sur la surface de ce métal exposée à l'air libre. La découverte de ce fait conduit naturellement à l'établissement de la véritable théorie des courants épipoliques qui sont produits par l'action de la pile voltaïque sur la surface du mercure recouvert d'eau ou de solutions aqueuses d'alcalis, d'acides ou de sels. J'ai déjà étudié ces phénomènes dans les chapitres V, VI, VII, VIII et IX de la première partie de cet ouvrage, et j'ai tenté d'y établir leur théorie qui, sans être à réformer, se trouve aujourd'hui avoir besoin d'être complétée. C'est à cette tâche que je vais me livrer dans les chapitres suivants. Je dois auparavant étudier un nouveau fait dans lequel on voit les courants épipoliques produits par la chaleur artificielle, non plus sur la surface du mercure, mais sur la surface d'un métal solide.

315. Une goutte d'huile étant suspendue latéralement et par adhésion à un fil métallique horizontal, si l'on échauffe l'une des extrémités de ce fil à la flamme d'une bougie ou autrement, on voit la goutte d'huile s'éloigner, par un mouvement spontané, de l'extrémité échauffée du fil métallique

auquel elle est suspendue. La découverte de ce fait est attribuée à M. Libri, par Fresnel[1] et par Nobili[2]. Mais le docteur Fusinieri la réclame comme lui appartenant[3]. J'ai exposé plus haut (263) la théorie au moyen de laquelle ce dernier auteur explique ce phénomène : il prétend qu'en employant un fil de platine pour cette expérience, on voit d'abord la goutte d'huile se mouvoir vers la source de la chaleur, et s'en éloigner ensuite; mais des expériences plusieurs fois répétées m'ont prouvé qu'avec des fils de platine, comme avec des fils de métaux oxydables, la goutte d'huile ne manifeste jamais la moindre tendance à se mouvoir vers la source de la chaleur; elle s'en éloigne de prime abord et constamment. Fresnel et Nobili trouvent la cause de ce phénomène dans l'action capillaire agissant différemment aux deux côtés opposés de la goutte d'huile inégalement échauffée à ces deux côtés. Le côté de la goutte d'huile le plus rapproché de la source de la chaleur s'évapore, tandis que l'autre côté de la goutte, devenu plus liquide, conserve son attraction capillaire pour le fil métallique, attraction qui n'est plus contrebalancée par le côté opposé réduit en vapeurs. Il résulte de cette action continuée que la goutte d'huile s'éloigne sans cesse de la source de la chaleur. En donnant cette explication, Nobili ne peut toutefois se dispenser de reconnaître qu'elle peut trouver une objection fondée dans cet autre fait, qu'une goutte d'eau, dans la même position que la goutte d'huile, ne manifeste aucune tendance à s'éloigner de la source de la chaleur; elle entre en ébullition, et elle s'évapore entièrement sans changer de place. Cependant la goutte d'eau devrait, comme la goutte

<hr>

1. *Annales de Chimie et de Physique*, t. XXIX, p. 57.
2. *Autologie*, t. XIX, p. 157.
3. *Annales des Sciences du royaume Lombardo-Vénitien*, t. III, p. 157.

d'huile, s'évaporer plus du côté de la source de la chaleur que du côté opposé ; elle devrait donc, comme elle, se mouvoir en vertu de l'attraction capillaire qui prédominerait au côté de la goutte le plus éloigné de la source de la chaleur. Or, ce mouvement n'ayant point lieu, Nobili pense que cela provient de ce que l'huile possède, à un degré éminent, la propriété de s'étendre sur les surfaces sous l'influence d'une chaleur convenable, tandis que cette même propriété manque *presque tout à fait* à l'eau. Mais on peut répondre à Nobili, que puisque la propriété dont il est ici question ne manque pas *tout à fait* à la goutte d'eau, elle devrait se mouvoir un peu ; or l'expérience apprend qu'elle demeure constamment à la même place, sans faire la moindre tentative pour la quitter, et cela jusqu'à ce qu'elle soit complétement évaporée. Il faut donc reconnaître que le phénomène dont il est ici question n'est point expliqué.

316. Outre le mouvement de translation, ajoute Nobili, la goutte d'huile en possède un autre qui est intestin, et qui s'aperçoit facilement à l'aide d'une loupe, en mêlant un peu de poussière noire à l'huile qui s'emploie dans l'expérience. Le mouvement intestin consiste dans une sorte de rotation ; les parties composantes de la goutte descendent du côté de la source de la chaleur, et remontent du côté opposé. Ce second mouvement paraît à Nobili être indépendant du premier, ou du mouvement de translation de la goutte d'huile, et n'avoir même aucun rapport avec lui. Il fonde cette opinion sur ce que ce mouvement de rotation continue lorsque la goutte a cessé de s'éloigner de la source de la chaleur ; il le considère comme étant de la même nature que ceux qui ont lieu généralement dans les liquides qui sont plus échauffés d'un côté que de l'autre : l'observation infirme complétement cette assertion.

317. Je suspends une goutte d'huile *a* (fig. 46) à la partie latérale inférieure d'un fil de laiton d'un millimètre et demi de diamètre *b c;* ce fil est horizontal et peut même être légèrement incliné de *c* en *b*. Or, lorsque la flamme commence à échauffer l'extrémité *b*, on voit la goutte d'huile, qui tient en suspension un peu de charbon pulvérisé, présenter dans son intérieur un mouvement de circulation qui est tel que l'a décrit Nobili, et qui est représenté dans la figure 46. En même temps la goutte se meut en s'avançant vers l'extrémité *c* du fil, et cela contre les lois de la pesanteur, lorsque le fil est incliné, ainsi que je viens de le supposer. Le mouvement de circulation qui a lieu dans l'intérieur de cette goutte s'opère également alors contre les lois de la pesanteur. En effet, si, comme le pense Nobili, ce mouvement était de la même nature que ceux qui ont lieu généralement dans les liquides qui sont plus échauffés d'un côté que de l'autre, on verrait la couche d'huile qui touche le fil métallique et qui, étant échauffée au point *o*, est devenue plus légère, se mouvoir en suivant la pente ascendante du fil métallique de *o* en *i;* or, c'est exactement l'inverse qui a lieu : l'huile qui est en contact avec le fil métallique se meut de *i* en *o*, et de ce dernier point elle descend vers la partie la plus basse *a* de la goutte pour revenir vers le point *i* par un mouvement circulatoire dont le sens est évidemment inverse de celui qui devrait résulter de l'augmentation de légèreté de l'huile échauffée. La cause à laquelle Nobili attribue ce mouvement de rotation ne peut donc être admise ; ce mouvement est véritablement dû à un courant épipolique qui marche sur la surface du fil métallique de *i* en *o*, et qui entraîne l'huile dans cette direction. C'est évidemment un courant épipolique qui est différent de tous ceux qui ont été observés ci-dessus, et qui tous sont *calorifuges*, puisqu'ils prennent leur origine au point ou aux points qui possèdent la *chaleur en plus*. Le courant épipolique dont il est ici question est, au contraire, dirigé sur la surface du fil métallique, de la *chaleur en moins* vers la *chaleur en plus*, puisqu'il est dirigé vers l'extrémité échauffée du fil métallique. Ce courant épipolique est donc véritablement *caloripète*. Si la goutte d'huile tend à s'éloigner de l'extrémité échauffée du fil métallique, c'est évidemment par un effet de réaction. Le fil métallique étant tangent à la partie supérieure de la courbe dans laquelle s'opère le mouvement de circulation, ce fil, s'il était mobile et que la goutte d'huile fût fixe, recevrait de la part de ce liquide circulant un mouvement de translation dans le sens cb (fig. 46); mais comme, au contraire, le fil métallique est fixe et que la goutte d'huile est mobile, c'est cette dernière qui éprouve, par réaction, un mouvement de translation dans le sens bc, c'est-à-dire vers l'extrémité non échauffée du fil métallique. La continuation du mouvement de circulation dans l'intérieur de la goutte d'huile, lorsque cette dernière a cessé son mouvement de translation par le fait de son trop grand éloignement de la source de la chaleur, ne prouve point du tout, comme le pense Nobili, que ces deux mouvements soient indépendants l'un de l'autre; cela prouve seulement que le mouvement de circulation est alors devenu trop faible dans l'intérieur de la goutte d'huile pour pouvoir opérer encore, par réaction, le mouvement de translation de cette goutte. C'est en effet ce que l'observation démontre.

318. Les huiles essentielles, la cire et la graisse fondues, offrent, dans l'expérience dont il est ici question, les mêmes phénomènes de mouvement que ceux qui sont présentés par les huiles fixes; il en est de même de l'alcool et de

l'esprit de bois. Ainsi ces phénomènes sont produits par l'emploi de tous les liquides qui possèdent l'épipolicité huileuse.

319. Il s'agit actuellement de savoir pourquoi une goutte d'eau, soumise à l'expérience dont il est ici question, n'éprouve point, comme la goutte d'huile, un mouvement de translation sur le fil métallique qui la supporte. L'expérience suivante va nous l'apprendre.

320. Après avoir bien nettoyé mon gros fil de laiton en le frottant avec de l'émeril en poudre, j'ai suspendu à sa partie latérale inférieure une goutte d'eau qui tenait en suspension un peu d'argile très-divisée, afin de pouvoir observer à la loupe les mouvements intérieurs dont elle pouvait être le siége. Cette goutte d'eau a (fig. 47) fut placée à 45 millimètres de l'extrémité b du fil métallique, où fut appliquée la chaleur de la flamme d'une lampe à alcool. Bientôt je vis s'établir, dans l'intérieur de cette goutte d'eau, un mouvement de tourbillonnement très-rapide dans un plan horizontal, c'est-à-dire parallèle au fil métallique, qui était lui-même dans une position horizontale. Ce mouvement de rotation était tel que l'observateur, en se supposant placé dans la ligne verticale qui servait d'axe à ce mouvement et le visage tourné vers la source de la chaleur, aurait vu le courant passer devant lui de gauche à droite, ou de i en o (fig. 47) à sa gauche, et de o en i du côté opposé, ou à sa droite. J'ai répété plusieurs fois cette expérience, et j'ai toujours observé la même direction du courant tourbillonnant, en sorte que cette direction est constante. Ce courant tourbillonnant dure jusqu'à l'entière évaporation de la goutte d'eau ; il est facile de comprendre que cette goutte, mue en tourbillon dans un plan horizontal, ne doit tendre à produire, par son frottement, aucun mouvement dans le

fil métallique qui la supporte, et que, par conséquent, cette goutte d'eau ne doit prendre elle-même, par réaction, aucun mouvement de translation sur ce fil : car le mouvement qui a lieu sur un des côtés de la goutte d'eau, de i en r par exemple, fait équilibre exact avec le mouvement en sens inverse, ou de v en i, qui a lieu du côté opposé. On voit clairement ainsi pourquoi, dans l'expérience dont il s'agit, la goutte d'eau n'offre aucun mouvement de translation sur le fil métallique. Ce résultat négatif est en harmonie avec la direction de la rotation qui a lieu dans l'intérieur de la goutte d'eau, comme le résultat positif obtenu par l'emploi de la goutte d'huile est en harmonie avec la direction différente de la rotation qui a lieu dans l'intérieur de cette goutte d'huile ; en sorte que ces deux faits se réunissent pour confirmer la théorie que j'ai établie touchant la cause véritable du mouvement de translation de la goutte d'huile (317).

321. Lorsque l'expérience qui vient d'être décrite est faite avec une goutte d'eau distillée, cette goutte, comme je viens de le dire, n'offre pas le moindre signe de mouvement de translation ; mais lorsqu'elle est faite avec une goutte d'eau de source qui contient des sels calcaires, cette goutte n'offre de même aucun mouvement de translation tant qu'elle conserve un certain volume ; mais lorsque, en s'évaporant rapidement, elle est devenue très-petite, on la voit souvent marcher vers la source de la chaleur en s'évanouissant. Ce phénomène, qui est, au reste, très-peu sensible, me fit penser que les substances en solution dans la goutte d'eau soumise à l'expérience dont il s'agit pouvaient déterminer cette goutte à prendre un mouvement de translation vers la source de la chaleur. Je m'empressai donc de soumettre à cette expérience de l'eau chargée de substances alcalines, acides et salines.

322. J'ai suspendu à la partie latérale inférieure de mon gros fil de laiton une goutte d'une solution de potasse qui contenait 1/50 de son poids de cet alcali. Cette goutte fut placée à 50 millimètres de l'extrémité du fil métallique, laquelle fut échauffée par la flamme d'une lampe à alcool. Bientôt après je vis cette goutte entrer en ébullition et se précipiter rapidement vers la source de la chaleur. Mes prévisions se trouvèrent ainsi confirmées : la goutte de solution aqueuse de potasse, à l'inverse de la goutte d'huile ou d'alcool, offrait un mouvement de translation vers la flamme qui échauffait le bout du fil métallique. Il était facile de prévoir, dès-lors, qu'il devait exister dans l'intérieur de cette goutte une rotation en sens inverse de celle qui s'observe dans l'intérieur de la goutte d'huile, et qui est représentée dans la figure 46. C'est effectivement ce que l'expérience m'a fait voir. J'ai ajouté à la solution de potasse mentionnée ci-dessus un peu d'argile très-divisée, afin de pouvoir observer à la loupe les mouvements intérieurs qui devaient exister dans la goutte de cette solution soumise à l'expérience. Lorsque cette goutte commence à s'échauffer, on voit s'établir dans son intérieur une rotation dans un plan vertical, laquelle offre la direction représentée dans la figure 48. La couche du liquide qui touche le fil métallique se meut en fuyant la source de la chaleur par l'effet d'un courant épipolique calorifuge. Ce mouvement de rotation ne peut s'observer que pendant environ une seconde, et cela parce qu'il devient promptement tellement impétueux qu'il se dérobe à la vue ; en même temps la goutte de solution alcaline marche rapidement vers la flamme, jusque dans l'intérieur de laquelle elle arrive quelquefois, et qu'elle éteint par l'explosion de sa vapeur. Cela a lieu surtout lorsque la solution de potasse est très-concentrée, et contient, par exemple, deux parties de potasse sur une partie d'eau. La cause de ce mouvement de translation est évidente : la couche du liquide qui touche le fil métallique se meut de *o* en *i* par l'effet du courant épipolique calorifuge, et son frottement sur ce fil fait que, par réaction, la goutte éprouve un mouvement de translation en sens inverse, c'est-à-dire vers la source de la chaleur. Ce nouveau fait confirme de plus en plus la théorie que j'ai établie touchant la cause de la progression inverse de la goutte d'huile (317).

323. J'ai soumis à la même expérience une goutte d'ammoniaque liquide ; elle n'a éprouvé aucun mouvement de translation. La cause de l'absence de ce phénomène est ici facile à déterminer. La proportion de l'eau est beaucoup plus considérable que celle de l'ammoniaque dans la solution aqueuse de cet alcali, et l'extrême volatilité de ce dernier fait qu'il est très-promptement volatilisé dans la goutte de ce liquide, qui est soumise à l'action d'une forte chaleur, dans l'expérience dont il s'agit. On doit donc considérer que c'est, dans le fait, avec une goutte d'eau pure que l'expérience est faite. Or, on a vu plus haut (320) que la goutte d'eau pure n'éprouve aucun mouvement de translation dans cette expérience.

324. Pour faire des expériences analogues avec des gouttes d'acide, j'ai dû employer un fil de platine. Ce fil avait un millimètre de diamètre. J'ai observé, comme le docteur Fusinieri (262), qu'une goutte d'acide sulfurique pur et concentré, suspendue à la partie latérale inférieure d'un fil de platine horizontal, s'approche d'abord de l'extrémité de ce fil qui est échauffée ; après un court instant, elle s'en éloigne. Ainsi la goutte d'acide sulfurique offre alternativement les deux directions de mouvement de trans-

lation qui ont été observées plus haut relativement à la goutte de solution de potasse (322), et relativement à la goutte d'huile (317). Des phénomènes exactement inverses s'observent en employant une goutte d'acide nitrique pur et concentré. Cette goutte s'éloigne d'abord de l'extrémité échauffée du fil de platine ; ensuite, lorsque, par le fait de son évaporation, elle est près de s'évanouir, elle marche vers cette extrémité échauffée. Une goutte d'acide chlorhydrique offre, dans la même expérience, les mêmes phénomènes de mouvement que la goutte d'acide nitrique, mais d'une manière moins marquée. Il n'est pas douteux que cette inversion du mouvement de translation que nous offrent les gouttes d'acides, dans ces expériences, ne provienne d'une inversion qui survient dans la direction du mouvement de rotation qui existe dans leur intérieur ; ce qui atteste une inversion dans la direction du courant épipolique qui est la cause de cette rotation. Ainsi, dans la goutte d'acide sulfurique, le courant épipolique sur la surface du fil de platine est d'abord calorifuge, puisque la goutte se meut par réaction vers la source de la chaleur ; lorsque, par le fait de l'évaporation, cette goutte d'acide sulfurique est devenue plus dense, le courant épipolique, à la surface du fil de platine, devient *caloripète*, et la goutte se meut, par réaction, dans le sens opposé à celui de la source de la chaleur. Des phénomènes épipoliques successifs et inverses ont lieu par rapport aux gouttes des acides nitrique et chlorhydrique.

325. Les solutions des sels à base alcaline, employées dans les expériences dont il s'agit ici, se comportent comme les solutions aqueuses d'alcalis fixes. Les gouttes de ces solutions salines offrent, sur le fil métallique échauffé, un mouvement de translation vers la source de la chaleur. C'est

ce que j'ai expérimenté pour les solutions de sel marin, de sulfate de soude, de nitrate de potasse et de chlorhydrate d'ammoniaque. J'ai vu une goutte de solution, saturée de ce dernier sel, marcher vers la flamme jusqu'à se précipiter au milieu. Une goutte de solution saturée de sulfate de cuivre ou de sulfate de fer, ne m'a offert, dans plusieurs expériences, aucun mouvement de translation sur le fil de platine horizontal qui la supportait.

326. Les phénomènes de mouvement de translation que nous offrent les gouttes de divers liquides soit vers la source de la chaleur, soit vers la partie opposée à cette source, appartiennent évidemment à la catégorie des faits découverts par Fresnel[1] touchant la répulsion des corps par le calorique, répulsion qui, dans certain cas, se change en attraction. Fresnel lui-même semble avoir pressenti cette analogie, puisqu'il commence son mémoire par l'exposition des expériences de M. Libri touchant la répulsion qu'éprouve, de la part de la chaleur, une goutte d'huile suspendue latéralement à un fil métallique horizontal. D'un autre côté, cependant, il semble repousser cette analogie en donnant au phénomène de la répulsion de la goutte d'huile à peu près la même explication que celle qui a été donnée par Nobili, et qui est exposée plus haut (315). je n'ai fait qu'indiquer sommairement les résultats des expériences de Fresnel dans la première partie de cet ouvrage (68); encore ai-je rapporté ces expériences d'une manière en partie erronée. Je dois ici réparer cette erreur.

327. Voici comment Fresnel a établi ses expériences. Un fil d'acier aimanté très-fin est suspendu à un fil de cocon; il porte, à l'une de ses extrémités, un disque de clinquant,

---

1. *Annales de Chimie et de Physique*, t. XXIX, p. 57 et 107.

et à l'autre extrémité un disque de mica. Ce fil aimanté se place naturellement dans le méridien magnétique où se trouve également placé, d'une manière fixe, un autre disque de clinquant, lequel est ainsi en contact avec le disque mobile qui le presse légèrement. Cet appareil est mis sous la cloche de la pompe pneumatique où l'on fait le vide. Or, en échauffant soit le disque mobile, soit le disque fixe avec les rayons du soleil rassemblés par une lentille, il y a répulsion entre les deux disques, et cette répulsion, qui existe tant qu'on laisse les rayons rassemblés agir sur l'un des disques, subsiste quelque temps après que la chaleur produite par ces rayons a cessé d'être appliquée au disque échauffé, alors le disque mobile est ramené vers le disque fixe par l'action magnétique du fil d'acier aimanté qui le porte, et cela en exécutant de petites oscillations. La précaution d'opérer dans le vide est ici indiquée par la nécessité d'éviter que l'air, qui prend un mouvement ascensionnel lorsqu'il est rendu plus léger par son échauffement, n'imprimât ainsi du mouvement à l'appareil. Il a semblé à Fresnel que le disque de mica était un peu moins repoussé que le disque de clinquant. Il a remarqué que la manière la plus avantageuse d'échauffer ces corps pour les maintenir au maximum de distance était de porter le foyer de la loupe sur une des faces en regard. La surface qui devait exercer l'action répulsive était ainsi plus fortement échauffée. Il lui a paru que l'interposition d'un écran fait de deux feuilles de clinquant empêchait la répulsion ; il a observé des phénomènes d'attraction en employant, au lieu des disques très-minces de clinquant, des disques plus épais qui étaient des pièces de cuivre d'un centime. Chacune des extrémités du fil aimanté portait une de ces pièces. Or, en plaçant l'une de ces pièces ou disques de cuivre non plus en contact

avec le disque fixe, mais dans son voisinage, et en échauffant, avec les rayons solaires, la face extérieure du disque
mobile, Fresnel vit ce dernier se rapprocher du disque fixe.
Cette attraction apparente ne provenait point d'un développement d'électricité, car elle ne se manifestait pas en échauffant avec les rayons solaires la pièce d'un centime, ou le
disque de cuivre placé à l'autre extrémité du fil d'acier,
lequel eût alors facilement transmis l'électricité, s'il y en avait
eu de produite, au disque de cuivre placé dans le voisinage
du disque fixe, cas auquel il y aurait eu phénomène d'attraction entre ces deux derniers disques. L'absence de cette
attraction attestait donc ici l'absence de l'électricité de ten-
sion. Fresnel a encore observé qn'en mettant la pièce d'un
centime ou le disque de cuivre épais et mobile en contact avec le disque fixe et qu'en échauffant la surface extérieure du premier il arrivait souvent que celui-ci demeurait
longtemps en contact avec le disque fixe, et qu'il s'en éloi-
gnait, au contraire, dès qu'on retirait la loupe.

328. Il est impossible, dans l'état actuel de nos connaissances, de donner, d'une manière certaine, l'explication de
ces phénomènes ; toutefois on peut, et je pense avec raison,
les rapporter à l'action de la force épipolique. Cette force
est le résultat de l'action d'un fluide invisible qui, dans son
mouvement, entraîne avec lui la matière pondérable lorsqu'elle est très-mobile. Ce fluide invisible, qui n'est très-
probablement qu'une modification du calorique, est mis
en mouvement toutes les fois qu'il y a production locale de
chaleur sur une surface. Or, ces conditions de l'existence de
la force épipolique se trouvent dans les expériences de
Fresnel exposées ci-dessus. C'est donc très-probablement à
l'action de cette force qui communique à la matière pondérable des mouvements de déplacement, tantôt simulant

des répulsions, tantôt simulant des attractions, que sont dus les répulsions et les attractions apparentes produites par une application locale de la chaleur dans les expériences de Fresnel. Ici les courants épipoliques produits sur la surface du disque échauffé meuvent ce disque par réaction en l'éloignant ou en le rapprochant du disque fixe, lequel est sans doute influencé par ces courants émanés du disque échauffé. L'observation directe pourrait seule apprendre par quel mécanisme ces courants épipoliques agissent dans cette circonstance; malheureusement, cette observation directe paraît être impossible à faire.

CHAPITRE III.

Des courants épipoliques produits par l'électricité de la pile
voltaïque sur la surface du mercure recouvert par des solutions de sels à base alcaline.

329. Dans la première partie de cet ouvrage (chapitre VI)
j'ai étudié, avec assez de détail, es courants épipoliques
qui sont produits, sous l'influence de l'électricité de la pile
voltaïque, sur la surface du mercure recouvert de solutions
salines. J'ai rapporté la production de ces courants à l'action
des substances qui se déposent aux pôles électriques par
suite de la décomposition des solutions salines qui recou-
vrent le mercure. Je m'étais effectivement assuré, par des
recherches antérieures (49 à 86), que le dépôt des acides et
des alcalis sur une surface polie recouverte par un liquide
aqueux donnait naissance à des courants épipoliques, et je
me suis contenté de la considération de ces faits pour expliquer la production de ces courants sur le mercure, recouvert de solutions de sels à base alcaline. Toutefois,
j'avais déjà remonté mais d'une manière encore incomplète,
à la détermination de la véritable cause de ces phénomènes,
en apercevant qu'il y avait toujours un changement de température dans l'endroit où une goutte d'un liquide déterminé était déposée sur une couche d'eau étendue sur une
surface polie (68 à 74). *Ainsi,* disais-je (68), *il se trouve*

*que la direction centrifuge du courant épipolique a lieu
lorsque la goutte de liquide déposée sur la couche d'eau,
avec laquelle elle s'unit par dissolution, développe de la chaleur ; l'on observe, au contraire, la direction centripète de ce
courant épipolique lorsque la goutte de liquide déposée sur la
couche d'eau, avec laquelle elle s'unit par dissolution, produit de l'absorption de chaleur, ou du froid. Il y a donc ici
un rapport évident entre la direction centrifuge du courant
épipolique et la production centrale de la chaleur ; et d'un
autre côté, il y a rapport entre la direction centripète du courant épipolique et la production centrale du froid. J'insiste*
ici sur ces considérations, parce qu'elles prouvent que si
précédemment dans la détermination de la cause productrice des courants épipoliques qui naissent ou qui aboutissent aux pôles électriques placés à la surface du mercure
recouvert de liquides salins, acides, ou alcalins, je me suis
arrêté au fait du dépôt des substances provenant de la
décomposition de ces liquides aux pôles, sans remonter aux
changements de température produits par ce dépôt, c'est
qu'il me restait quelque chose à faire pour établir d'une
manière certaine que ces changements de température
étaient effectivement les causes productrices de ces courants. Je me suis arrêté aux causes éloignées, tout en apercevant la cause immédiate.

330. Il est bien connu qu'aux pôles de la pile voltaïque
il y a production de chaleur. Œrsted a expérimenté que le
courant électrique traversant l'eau, la chaleur de ce liquide,
auprès du pôle positif, était + 20"5, et que cette chaleur
était seulement + 18" auprès du pôle négatif. A égale distance des deux pôles, la chaleur de l'eau était + 23°.
On attribue la différence de température de l'eau aux deux
pôles à ce que, dans la décomposition de l'eau, l'hydrogène.

qui se porte au pôle négatif, absorbe, pour devenir gaz, plus de chaleur que ne le fait l'oxigène qui se porte au pôle positif ; mais on ignore pourquoi, à égale distance des deux pôles, l'eau est plus chaude qu'à chacun de ces deux pôles. Toujours résulte-t-il de l'expérience d'Œrsted que lorsque le courant électrique traverse l'eau, ce liquide possède, auprès du pôle positif, une *chaleur en plus*, et qu'auprès du pôle négatif il possède une *chaleur en moins*. Il est des cas où il n'y a point de décompositions chimiques opérées par le courant électrique, et où il y a cependant production de modifications dans la température dans certains points du trajet de ce courant. Ainsi M. Peltier a observé qu'en faisant traverser au courant électrique un conducteur métallique mixte, formé, par exemple, de deux lames de cuivre auxquelles est interposée et soudée une lame de bismuth, il y a augmentation de la chaleur à la soudure voisine du pôle positif et, au contraire, diminution de la chaleur à la soudure voisine du pôle négatif. Le courant électrique, qui produit souvent, dans son trajet, de la chaleur *en plus*, peut donc, dans certains cas, produire aussi de la chaleur *en moins* qui, abaissée au-dessous de la chaleur ambiante, est désignée sous le nom de *froid*.

331. On conçoit que, lorsqu'on fait traverser au courant électrique un conducteur mixte, tel que celui qui est formé par le mercure associé à un liquide aqueux, il doit y avoir, aux points de jonction de ces deux conducteurs hétérogènes, des effets ou calorifiques ou frigorifiques analogues à ceux qui ont été observés par M. Peltier dans les conducteurs mixtes entièrement métalliques, et cela indépendamment des changements de température produits dans les actions chimiques opérées par le courant électrique. Je suppose ici que les pôles de la pile sont en communication l'un

avec le mercure, et l'autre avec le liquide aqueux qui lui est contigu, en sorte que le courant électrique doit traverser un de ces corps fluides pour se porter à l'autre ; mais il est une autre disposition respective de ces deux corps qu'il est important de considérer : c'est celle dans laquelle le mercure est entièrement recouvert par le liquide aqueux qui seul se trouve en rapport avec les deux pôles de la pile. Alors le courant électrique traverse directement le liquide aqueux pour se porter d'un pôle à l'autre ; mais, chemin faisant, il produit, par induction, un état électrique dans le mercure sous-jacent, et ce métal prend alors deux *pôles secondaires* qui correspondent chacun au *pôle primitif* de nom opposé. C'est ce qui se trouve exposé dans la première partie de cet ouvrage (145). Ici il n'y a point, à proprement parler, de *conducteur mixte ;* le mercure devient un corps électrique à part et pourvu de ses deux pôles que l'on nomme *pôles secondaires*, et auxquels s'opèrent des actions chimiques productrices de modifications dans la température. Il s'agit donc de déterminer quelles sont les actions chimiques qui ont lieu aux pôles secondaires du mercure lorsqu'il est recouvert par un liquide aqueux déterminé, que traverse directement le courant électrique, et d'étudier en même temps les modifications de la température qui sont produites par ces actions chimiques, lesquelles doivent varier suivant la nature du liquide aqueux qui recouvre le mercure ; enfin il s'agit d'établir la relation qui existe entre la modification locale de la température qui a lieu à l'un et à l'autre pôle secondaire du mercure et la direction du courant épipolique qui a lieu dans cette circonstance. J'ai déjà accompli la première partie de cette tâche ; j'ai déterminé, dans la première partie de cet ouvrage, quelles sont les actions chimiques qui s'opèrent aux pôles secondaires du mercure, lorsqu'il est recouvert par des liquides salins, acides ou alcalins ; je vais ici passer de nouveau ces résultats en revue.

332. J'ai fait voir (153) que le mercure étant recouvert d'une solution de sel à base alcaline, solution avec laquelle seule les pôles de la pile ou les *pôles primitifs* sont en communication, les *pôles secondaires* situés sur le mercure reçoivent leur part des éléments du sel décomposé ; l'alcali se porte au pôle négatif secondaire, et l'acide se porte au pôle positif secondaire. En outre, l'alcali est décomposé ; le métal qui lui sert de base se porte au pôle négatif secondaire, et il s'amalgame immédiatement avec le mercure ; l'oxygène qui était uni à ce métal se porte au pôle positif secondaire, où, réuni à l'oxygène qui provient de la décomposition de l'eau, il tend a oxyder le mercure. En même temps le métal de l'alcali amalgamé avec le mercure s'oxide de nouveau et reconstitue de l'alcali. Il résulte de toutes ces actions concomitantes de décomposition et de recomposition ; de la solidification du métal de l'alcali pour s'amalgamer avec le mercure, et de cette amalgamation elle-même ; de la solution de l'alcali dans l'eau près du pôle négatif secondaire ; de la solution dans l'eau de l'acide près du pôle positif secondaire ; de la transition de l'oxygène de l'état solide à l'état gazeux, et de l'état gazeux a l'état solide pour former des composés oxydés ; il résulte, dis-je, de toutes ces actions chimiques qui ont leur siége aux deux pôles secondaires situés sur le mercure, qu'il doit y avoir, à ces deux pôles, des modifications de la température qui, par leur réunion et par leur compensation, doivent donner à chacun de ces deux pôles une température particulière dont l'expérience seule peut déterminer le degré, soit d'une manière absolue, soit d'une manière relative. Avant de faire cette expérience,

il est nécessaire d'exposer ici de nouveau quels sont les courants épipoliques qui sont produits sur la surface du mercure lorsque ce métal, recouvert par une solution de sel à base alcaline, possède deux pôles secondaires.

333. Je place le mercure dans un vase de verre fort large et à fond presque plat dont il n'occupe que le milieu où se trouve une légère concavité; il s'y dispose en nappe circulaire de 50 à 60 millimètres de diamètre a ' fig. 49). Le reste du fond du vase est recouvert par une solution saturée de sulfate de soude, qui s'élève d'environ 5 millimètres au-dessus de la surface de la nappe de mercure. Le pôle négatif de la pile est mis en communication, au point N, avec la solution saline, et le pôle positif communique avec cette même solution au point P. Ces deux points sont éloignés du mercure de 50 millimètres. Ce métal possède alors un pôle positif secondaire en p vis-à-vis du pôle négatif primitif N, et un pôle négatif secondaire n vis-à-vis du pôle positif primitif P. Le mercure s'allonge au pôle positif secondaire p, comme on le voit dans la figure. En même temps on observe, sur la surface du mercure, un courant épipolique qui, partant du pôle positif secondaire p, est dirigé, non vers le pôle négatif secondaire n, ainsi que cela paraît avoir lieu ici, mais qui bien effectivement est dirigé dans l'*axe épipolique*, ainsi que je l'ai fait voir dans la première partie de cet ouvrage (156-157). Ce courant, parvenu à l'extrémité de l'axe épipolique, revient des deux côtés vers le lieu de son origine. Le courant épipolique ainsi dirigé ne s'observe que lorsque l'action de la pile est faible, et surtout quand la température est basse. J'ai décrit (152 à 162) les phénomènes que présente ce courant épipolique; je n'y reviendrai pas ici.

334. Lorsque, au lieu d'employer une pile faible, on se

sert d'une pile énergique, le courant épipolique précédent ou n'apparaît point du tout ou ne dure que pendant un instant ; il est immédiatement remplacé par un courant épipolique en sens inverse qui, partant du pôle négatif secondaire n (fig. 50) situé vis-à-vis du pôle positif primitif P, se dirige, non vers le pôle positif secondaire p, ainsi que cela paraît avoir lieu ici, mais qui, dans le fait, se dirige dans l'*axe épipolique*, ainsi que je l'ai établi dans la première partie de cet ouvrage (163). Ce courant, parvenu à l'extrémité de l'axe épipolique, revient des deux côtés vers le lieu de son origine. Le mercure, à son pôle négatif secondaire n, *s'allonge* vers le pôle positif primitif P, comme on le voit dans cette figure 50. J'ai décrit (163 à 166) ce courant épipolique et les phénomènes qu'il présente ; je n'y reviendrai pas ici.

335. Je ferai observer que, pour obtenir des courants épipoliques qui soient bornés à la surface du mercure dans les deux cas précédents (333 et 334), il est indispensable que la solution saline ne soit pas élevée de moins de 5 millimètres au-dessus de la surface du mercure ; car si la surface de cette solution se rapprochait trop de celle du mercure qu'elle recouvre, on verrait le courant épipolique, au lieu d'être borné à la surface du mercure, ainsi que cela est représenté dans les figures 49 et 50, traverser toute la surface de la solution saline de N en P (fig. 49) et de P en N (fig. 50). C'est ce que j'ai déjà dit dans la première partie de cet ouvrage (160).

336. Il s'agit d'abord de prouver que les courants observés sur la surface du mercure et qui sont représentés par les figures 49 et 50, sont bien véritablement des courants épipoliques. Pour cela il faut démontrer qu'il y a production de chaleur au lieu de leur origine ; et que si cette origine,

d'abord placée au pôle positif secondaire p (fig. 49), se transporte subséquemment au pôle négatif secondaire n (fig. 50), cela provient de ce que d'abord il y a plus de développement de chaleur au pôle positif secondaire p (fig. 49) qu'au pôle négatif secondaire n, et que subséquemment la production de chaleur au pôle négatif n (fig. 50) devient supérieure à celle qui a lieu au pôle positif secondaire p. Si ces faits sont prouvés par l'expérience, il en résultera que les courants observés sur la surface du mercure, et qui sont représentés par les figures 49 et 50, sont véritablement des courants épipoliques, puisqu'ils seront produits par un développement de chaleur prédominante au lieu de leur origine, de la même manière qu'on a vu plus haut (305 à 310), des courants bien reconnus pour être épipoliques être produits sur la surface du mercure, recouvert par un liquide aqueux, en appliquant une chaleur artificielle en un point de la circonférence de ce métal.

337. J'ai établi l'expérience indiquée plus haut (333) de manière à pouvoir, à volonté, substituer l'action d'une pile un peu énergique à l'action d'une pile faible. Mes deux piles à auges et de vingt éléments étaient chargées, la première ou la plus faible, avec de l'eau légèrement acidulée avec de l'acide sulfurique ; la seconde ou la plus forte, était chargée avec de l'eau plus fortement chargée du même acide. Sous l'influence de la première de ces piles, le courant épipolique s'établit sur la surface du mercure, avec la direction représentée dans la figure 49. J'avais mis en contact avec le mercure, au pôle positif secondaire p et au pôle négatif secondaire n, les deux soudures a et b (fig. 51), d'un circuit thermo-électrique. Le fil de fer a, c, b, est soudé en a et en b avec deux fils de cuivre $a\,f$ et $b\,d$, qui vont joindre le galvanomètre. Les deux soudures a et b étant en rapport

avec le mercure à ses pôles secondaires p et n (fig. 49), le sens de la déviation de l'aiguille aimantée du galvanomètre devra indiquer quel est celui de ces deux pôles secondaires qui possède la température la plus élevée. Je dois ajouter que les deux soudures a et b (fig. 51) sont contenues chacune dans un petit fourreau de verre fort mince. Cette précaution est indispensable pour que, dans cette expérience, la déviation de l'aiguille aimantée du galvanomètre ne soit pas influencée par des courants hydroélectriques.

338. L'expérience étant ainsi disposée, je mis la solution de sulfate de soude en communication avec ma pile faible en N et en P (fig. 49) ; le courant épipolique, partant du pôle positif secondaire p, s'établit sur la surface du mercure ; en même temps je vis l'aiguille du galvanomètre se dévier de 3 degrés, indiquant par là que le pôle positif secondaire p possédait une chaleur supérieure de 0,2 de degré centésimal à celle qui existait au pôle négatif secondaire n. Je laissai la pile faible agir pendant un quart d'heure ; pendant ce temps, le courant épipolique représenté dans la figure 49 continua d'exister, et l'aiguille aimantée du galvanomètre conserva sa déviation, indiquant plus de chaleur au point p qu'au point n. Alors je substituai à la pile faible la pile plus énergique : presque à l'instant le courant épipolique se renversa, et prit son origine au pôle négatif secondaire n, ainsi que cela se voit dans la figure 50. Au même moment l'aiguille aimantée du galvanomètre se dirigea de l'autre côté du zéro, ou du point d'équilibre ; elle prit et conserva une déviation de 4 degrés 1/2 en sens inverse de celle qu'elle avait auparavant, indiquant, par cette nouvelle déviation, que le pôle négatif secondaire n (fig. 50) possédait une chaleur supérieure de 0,3 de degré centésimal à celle qui existait au pôle .positif secondaire p. La tempé-

rature de l'air ambiant était alors à + 15° C. Je n'ai point
déterminé quelle était la chaleur absolue du mercure à ses
deux pôles secondaires, ou de combien elle était élevée au-
dessus de la température de l'air ambiant ; il me suffisait,
pour le but que je me proposais, de savoir par l'expérience,
quel était celui de ces deux pôles secondaires qui possédait,
dans le même moment, le plus de chaleur, et de voir si
c'était toujours au pôle le plus chaud que prenait son origine le courant observé à la surface du mercure. Or, c'est
effectivement ce que l'expérience a démontré, et ce résultat
ne permet point de douter que ces courants ne soient effectivement *épipoliques*, ainsi que je l'ai établi *a priori ;* leur
renversement de direction, lorsqu'on fait succéder l'action
d'une pile forte à celle d'une pile faible, provient de ce
que, dans ce cas, la supériorité de chaleur passe du pôle
positif secondaire au pôle négatif secondaire. Il reste à déterminer pourquoi cet échange de supériorité de chaleur a
lieu ; il reste également à savoir d'où provient *l'allongement*
du mercure à son pôle positif secondaire p dans l'expérience
qui se rapporte à la figure 49, et l'allongement inverse de
ce métal à son pôle négatif secondaire n dans l'expérience
qui se rapporte à la figure 50.

339. J'ai établi, dans la première partie de cet ouvrage,
(170, 171, 172) que le courant épipolique, observé dans l'expérience qui se rapporte à la figure 49, est produit par le
dépôt de l'acide du sel décomposé sur le pôle positif secondaire p du mercure. Je n'ai rien à changer à cette assertion ;
seulement je remonte ici à la considération de la chaleur
qui est produite, à ce pôle positif secondaire, par l'action de
l'acide sur le mercure. Cette action dissolvante développe
plus de chaleur que ne le fait le dépôt de l'alcali au pôle
négatif secondaire n ; d'ailleurs le pôle positif possède, dans

les cas ordinaires, plus de chaleur que le pôle négatif, ainsi que cela a été exposé plus haut (330) : voilà les raisons qui font que, dans cette expérience, le pôle positif secondaire p est plus chaud que le pôle négatif secondaire n. Cela dure tant que l'action de la pile qui décompose le sel en ses deux éléments, acide et alcali, n'a pas assez d'énergie pour décomposer l'alcali en ses deux éléments, métal et oxygène ; mais lorsque l'action de la pile est assez forte pour opérer cette dernière décomposition, le métal de l'alcali, en se portant au pôle négatif secondaire n (fig. 50), où il s'amalgame avec le mercure, produit à ce pôle un développement de chaleur qui s'ajoute à celle qu'y produisait déjà le dépôt de l'alcali, et il en résulte que le pôle positif secondaire p perd alors la supériorité de chaleur qu'il possédait auparavant, et que, par suite, le courant épipolique renverse sa direction. Cette théorie se trouve complétement confirmée par les expériences suivantes.

340. J'ai mis une nappe circulaire de mercure, c, b, d (fig. 52), dans la concavité très-légère que possède, dans son milieu, le fond presque plat d'un large vase de verre, et j'ai couvert ce métal d'eau jusqu'à 2 millimètres au-dessus de la surface. J'ai mis en contact avec la circonférence de cette nappe de mercure, et aux deux extrémités $a\,b$ de l'un de ses diamètres, les deux soudures a et b (fig. 51) de mon appareil thermo-électrique décrit plus haut (337). Alors j'ai laissé tomber, au travers de la couche peu épaisse d'eau, une goutte d'acide sulfurique auprès de la circonférence du mercure au point a, là où se trouvait l'une des soudúres de mon appareil thermo-électrique, soudures qui étaient renfermées dans un fourreau de verre mince. A l'instant de ce dépôt le mercure *s'allongea* vivement de ce côté, en fuyant le centre de la nappe du mercure, comme on le voit

en *a* (fig. 52) ; immédiatement après il se manifesta, sur la surface du mercure, un courant épipolique dirigé selon le diamètre de cette nappe circulaire qui passait par ce point *a*, c'est-à-dire dans la direction de *l'axe épipolique a b*. Ce courant était dirigé comme on le voit dans la figure, c'est-à-dire qu'il fuyait le lieu de son origine. Il ne fut que momentané, comme l'était l'action de sa cause productrice. On conçoit que, s'il y avait eu dépôt incessant et convenablement ménagé d'acide à ce point *a*, le courant épipolique aurait été continu, et que le mercure aurait conservé, pendant ce temps, son *allongement* au point *a*. Pendant que ces phénomènes avaient lieu, la déviation de l'aiguille aimantée du galvanomètre indiquait que le point *a* de la circonférence du mercure possédait une chaleur supérieure à celle que possédait le point opposé *b*. Ces phénomènes sont, comme il est facile de le voir, exactement semblables, à la continuité près, à ceux que présente l'expérience à laquelle se rapporte la figure 49. C'est le même *allongement* du mercure au point de la circonférence de ce métal où se trouve opéré le dépôt de l'acide ; c'est la même direction du courant épipolique, partant de ce même point ; c'est le même développement de chaleur dans ce même point.

341. J'ai mis dans mon vase de verre (fig. 52) une nouvelle nappe de mercure et de nouvelle eau ; l'appareil thermo-électrique y a été appliqué comme ci-dessus, puis, au lieu de déposer au point *a* une goutte d'acide, j'y ai déposé une goutte de mercure très-chargé de potassium ; cette goutte, en vertu de la concavité du vase, vint se placer en contact avec la circonférence de la nappe de mercure à laquelle elle ne s'unit qu'un instant après. Au moment de cette union, la nappe de mercure s'allongea avec violence

dans ce point, ainsi que cela se voit en *a*, et immédiatement après il se manifesta, à la surface de la nappe de mercure, un courant épipolique partant du point où avait été
déposée la goutte d'amalgame de potassium, et qui suivit
le diamètre de la nappe de mercure, ainsi que cela se voit
dans la figure 52 ; en même temps l'aiguille aimantée du
galvanomètre indiqua, par sa déviation, qu'il y avait au
point *a* un développement subit de chaleur. La cause de
cette production de chaleur doit, sans doute, être rapportée
en partie à la combustion du potassium. Mais il y a ici évidemment une autre cause, car la goutte d'amalgame de
potassium, pendant qu'elle était simplement en contact
avec le bord de la nappe de mercure, opérait la combustion du potassium qu'elle contenait, au moyen de la décomposition de l'eau, elle produisait donc de la chaleur, mais
non pas d'une manière aussi vive que cela eut lieu à l'instant où la goutte d'amalgame de potassium s'unit à la nappe
de mercure. Cela me fit soupçonner qu'il y avait production de chaleur par le seul fait de l'almagation du potassium
avec le mercure : c'est effectivement ce qui m'a été démontré par l'expérience suivante.

342. Je mis dans un petit flacon 38 grammes (une once
un quart) de mercure que je recouvris d'huile de naphte,
laquelle, ayant séjourné fort longtemps sur une assez
grande quantité de potassium, ne pouvait être soupçonnée
de contenir de l'eau combinée avec elle. Le mercure et l'intérieur du flacon étaient bien secs. Je plongeai dans le mercure environ 53 milligrammes (un grain) de potassium qui,
coupé nouvellement et sous l'huile de naphte, avait tout
son éclat métallique. Cette condition est indispensable pour
que l'amalgamation du potassium avec le mercure s'opère à
la température de l'air ambiant. Lorsque le potassium est

recouvert d'une couche même très-mince d'oxide, il faut avoir recours à une chaleur capable de le fondre pour opérer son amalgamation avec le mercure. Je tins le potassium submergé dans le mercure par la pesanteur d'un tube de verre. La chaleur que le mercure tenait de l'air ambiant, avec lequel il était en équilibre de température, était alors de + 15 degrés C. Après l'immersion du potassium, la chaleur du mercure s'éleva à + 18 degrés, et s'y maintint pendant vingt minutes, temps nécessaire pour que tout le potassium fût amalgamé avec le mercure, dans lequel un petit thermomètre était plongé. L'élévation de la température du mercure diminua ensuite graduellement jusqu'à ce qu'il eût repris la température ambiante. Cette expérience prouve que l'amalgamation du potassium avec le mercure produit un développement assez considérable de chaleur, puisque, dans ce cas, cette amalgamation a échauffé de trois degrés, pendant vingt minutes, une masse de mercure plus de sept cents fois supérieure à celle du potassium.

343. Il résulte des expériences qui viennent d'être exposées que la chaleur développée au point a (fig. 52) par l'adjonction d'une goutte d'amalgame de potassium au bord de la nappe de mercure est produite, en grande partie, par l'amalgamation du potassium avec le mercure ; elle tire aussi son origine de la combustion du potassium ; la potasse caustique qui naît de cette combustion ne se dissout pas simplement dans l'eau, elle se combine avec ce liquide, en formant un hydrate de potasse, et cette combinaison développe aussi de la chaleur. Ainsi il y a, dans cette circonstance, trois causes de production de chaleur au point a (fig. 52) de la circonférence du mercure recouvert d'eau, lorsqu'on dépose à ce point une goutte d'amalgame de potassium. C'est cette vive et rapide production locale de cha-

leur qui donne naissance au courant épipolique qui se manifeste dans cette circonstance, ainsi qu'à l'*allongement* du mercure au point *a*, *allongement* qui ne me parait point être le simple effet d'une dilatation opérée par la chaleur; car le mercure éprouve, dans toute sa masse, une secousse qui le déplace et qui le porte vers cet endroit. Cet *allongement* est bien certainement un phénomène épipolique dont la chaleur est la cause déterminante. C'est, de même, par l'effet du développement subit d'une chaleur locale que s'opère l'*allongement* du mercure, au bord duquel on dépose une goutte d'acide sulfurique (340). Cet acide, en effet, développe beaucoup de chaleur par le fait de son association à l'eau qui recouvre le mercure, et par le fait de la dissolution qu'il opère de ce métal. Les acides qui développent moins de chaleur par leur association à l'eau ont, par cela même, moins de pouvoir que l'acide sulfurique pour produire l'*allongement* du mercure, lorsqu'on les dépose, sous forme de goutte, au bord de ce métal recouvert d'une couche d'eau. C'est ce que j'ai expérimenté en employant, pour des expériences du même genre, des gouttes d'acide nitrique et chlorhydrique. On observe alors un *allongement* du mercure moins étendu que celui qui a lieu lorsqu'on emploie une goutte d'acide sulfurique. Cela achève de prouver que c'est au développement local de la chaleur qu'est dû, dans ces expériences, l'*allongement* du mercure et le courant épipolique qui se manifeste en même temps.

344. La chaleur qui naît de la combinaison de la potasse caustique avec l'eau, ou de la formation de l'hydrate de potasse, suffit pour produire un courant épipolique sur la surface du mercure, mais elle est insuffisante pour produire l'*allongement* de ce métal, ainsi que le prouve l'expérience suivante. La nappe de mercure (fig. 52) étant recouverte

d'une couche d'eau, comme dans les expériences précédentes, je plaçai au bord de cette nappe un petit morceau de potasse caustique à l'alcool, lequel se trouvait ainsi couvert d'eau. Au moment de ce dépôt il y eut dans le mercure un mouvement d'ébranlement dirigé vers le morceau de potasse, mais sans *allongement* sensible de ce métal, ensuite il s'établit sur ce dernier un courant épipolique peu marqué, quoique facile à constater, dirigé dans le diamètre du mercure qui passait par le point *a* où était déposé le morceau de potasse et fuyant ce point. Ce courant épipolique eut fort peu de durée, ce que j'attribue à ce que la solution de la potasse s'opérait avec une trop grande rapidité. Si cette solution eût été lente, uniforme et continue il y aurait eu un courant épipolique continu, comme le prouve l'expérience suivante.

345. J'ai fait voir, dans la première partie de cet ouvrage (118), qu'un cristal de sel marin, placé sur la surface du mercure recouvert d'eau, donne lieu à la production d'un courant épipolique qui fuit ce cristal, lequel se meut par réaction. J'ai fait voir que ce courant épipolique a, pour cause productrice, la soude caustique qui se dégage, et devient libre par le fait de la décomposition spontanée du chlorure de sodium qui cède son chlore au mercure. Comme cette décomposition est assez lente, il en résulte que le courant épipolique produit par la chaleur que dégage la formation de l'hydrate de soude est continu et dure tant que le cristal de chlorure de sodium n'est pas entièrement dissous. Je n'ai fait précédemment (118) cette expérience qu'en plaçant le cristal de sel marin sur la surface du mercure recouverte d'eau; alors il y avait un courant épipolique fuyant de tous côtés le cristal de sel; actuellement je vais placer ce cristal de chlorure de sodium au bord et au con-

tact d'une nappe de mercure recouverte d'une couche d'eau, de la même manière que je viens de placer (344) un petit morceau de potasse caustique. Dans cette position, le cristal de chlorure de sodium se décompose ; le sodium devenu libre se change en soude caustique, et celle-ci devient hydrate de soude. Ces actions chimiques successives développent de la chaleur, et celle-ci, en vertu de sa production locale sur la surface du mercure, donne naissance à un courant épipolique qui, fuyant le point de la circonférence du mercure où il naît, se projette dans la direction du diamètre du mercure passant par ce point, de la même manière que cela est représenté dans la figure 52. Seulement il n'y a point d'*allongement* du mercure au point *a*, où se trouve le cristal de sel marin, et cela, parce que la chaleur développée en ce point n'est point assez élevée. Le dégagement de la soude étant lent et continu au point *a*, le courant épipolique calorifuge est continu ; il se divise auprès du point *b* en deux courants dirigés en sens inverse et qui viennent rejoindre, de chaque côté, le courant calorifuge central. Ce courant dure jusqu'à l'entière disparition du cristal de sel marin, lequel doit être constamment maintenu en contact avec le bord du mercure.

346. Il résulte des expériences qui viennent d'être exposées (341 à 345) que le dépôt local d'un acide, d'un alcali, ou d'un métal d'alcali, au bord d'une nappe de mercure recouverte d'eau, produit le même *allongement* du mercure et les mêmes courants épipoliques qui sont produits, sur cette même nappe de mercure, lorsqu'elle est recouverte par une solution saline et qu'on lui donne deux pôles électriques secondaires en mettant la solution saline en communication avec les deux pôles de la pile voltaïque. Alors, par le fait de la décomposition du sel, l'acide se porte sur

le mercure à son pôle positif secondaire ; l'alcali et le métal
de l'alcali se portent également sur le mercure à son pôle
négatif secondaire, et ces agents producteurs de chaleur,
aux deux points différents où ils sont déposés sur la surface
du mercure, y donnent naissance à deux courants épipoliques desquels un seul ordinairement existe en vertu de sa
prédomination sur l'autre qu'il supprime, ou qu'il abolit.
La cause de la production de ces courants est exactement
la même que celle à laquelle sont dus les courants épipoliques observés dans les expériences où un acide, un alcali,
ou un métal d'alcali sont déposés par la main de l'expérimentateur sur le mercure (344 à 345), ici c'est l'électricité
qui opère ce dépôt : voilà toute la différence. La continuité
et la régularité du dépôt de ces substances, lorsqu'il est
opéré par l'électricité, produit la continuité et la régularité
des mouvements qui en résultent.

347. J'ai voulu savoir si les courants épipoliques produits
d'une manière continue sur la surface du mercure, sous
l'influence de l'électricité, seraient influencés par le dépôt,
au bord de cette surface, d'une substance capable elle-
même de donner naissance momentanément à un courant
épipolique ; j'ai donc établi l'expérience exposée plus haut
(334) et qui se rapporte à la figure 50, expérience dans
laquelle le courant épipolique prend naissance au pôle négatif secondaire n du mercure, lequel reçoit, dans cet endroit, du sodium et de la soude provenant de la décomposition du sulfate de soude dissous dans l'eau qui recouvre le
mercure. Ce courant épipolique ayant une grande vitesse,
et le mercure étant fortement *allongé* au point n, je déposai une goutte de mercure amalgamé avec une assez forte
proportion de sodium au point a de la circonférence du
mercure. A l'instant le mercure s'*allongea* brusquement à

ce point a, et il s'établit un courant épipolique instantané dirigé de a en b. Pendant ce temps l'*allongement* du mercure en n disparut ainsi que le courant épipolique qui, précédemment, prenait naissance à ce point n. L'influence de l'électricité de la pile avait ainsi complétement disparu, ou du moins, elle ne se manifestait plus par la production des phénomènes épipoliques. Cela ne dura que pendant un instant; les mouvements devinrent tumultueux à la surface du mercure, et bientôt le courant épipolique dirigé de n en p se rétablit, sous l'influence continuée de l'électricité. Cette expérience prouve, d'une manière incontestable, que ce n'est point l'électricité qui produit *directement*, sur la surface du mercure, le courant épipolique qui prend naissance au pôle négatif secondaire n, puisque, malgré l'influence non interrompue de l'électricité, ce courant épipolique se trouve aboli et remplacé par un autre courant épipolique dirigé de a en b, et cela par le seul fait du dépôt d'une goutte d'amalgame de sodium au bord du mercure au point a. Il est donc évident que l'électricité ne produit le courant épipolique $n\,p$ qu'en déposant du sodium au point n, et que si l'expérimentateur, en déposant une goutte d'amalgame de sodium au point a, a fait naître un nouveau courant épipolique dirigé de a en b et a fait ainsi cesser le courant épipolique $n\,p$ précédemment existant, cela provient de ce que la main de l'expérimentateur a déposé plus de sodium, et par conséquent a développé plus de chaleur locale au point a, qu'il n'était donné à l'électricité de déposer de sodium et de développer de chaleur locale au point n. La suppression, dans ce cas, du courant épipolique n, p, atteste que deux courants épipoliques différents ne peuvent exister simultanément sur une surface de peu d'étendue. Le courant le plus fort abolit le plus faible et règne seul.

348. Lorsque j'ai publié la première partie de cet ouvrage, j'étais porté à penser que l'électricité intervenait directement *pour une part* dans la production des courants épipoliques, que j'étais ainsi disposé à considérer comme des phénomènes *électro-épipoliques* (170). Aujourd'hui, l'étude plus approfondie de ces phénomènes m'a démontré définitivement que l'électricité n'agit point ici *directement ;* son rôle est tout à fait indirect dans la production des phénomènes épipoliques, lesquels sont ainsi très-distincts des phénomènes électriques.

349. Je devrais ici déterminer la cause des courants épipoliques que j'ai décrits dans la première partie de cet ouvrage (158, 165, 178), courants que j'ai observés sur le mercure recouvert d'une solution de sel à base alcaline, et sous l'influence de l'électricité de la pile. Mais comme ces mêmes courants épipoliques et plusieurs autres du même genre s'observent également sur le mercure recouvert d'un liquide acide ou d'un liquide alcalin, et sous l'influence de l'électricité de la pile, je renvoie leur étude aux deux chapitres suivants.

350. Il me reste à donner l'explication d'un phénomène que j'ai dû laisser inexpliqué dans la première partie de cet ouvrage (157), phénomène qui se rapporte aux figures 15 et 16, dans lesquelles on voit, contre l'ordinaire, des courants épipoliques à double tourbillon, dirigés très-obliquement sur la surface de la nappe circulaire de mercure, dont ordinairement ils suivent le diamètre ou *l'axe épipolique.* Je renvoie à la description que j'ai donnée (157) de ces expériences, sur lesquelles je suis revenu un peu plus loin (167) pour dire que le courant épipolique à double tourbillon, représenté dans ces deux figures, prenait une direction oblique *comme s'il était repoussé par le sodium précédem-*

ment adjoint au mercure au point f, figure 15 (ou au point *d*, fig. 16). Je vois clairement aujourd'hui que c'est bien effectivement par le fait du dépôt précédent du sodium au point *f*, figure 15 (ou au point *d*, figure 16), que s'opère l'inflexion oblique des courants épipoliques dans les expériences représentées dans ces deux figures ; mais ce n'est point en vertu d'une répulsion opérée par le sodium que s'opère cette inflexion, c'est en vertu de la chaleur qui était demeurée dans la nappe de mercure au point *f*, figure 15 (ou au point *d*, figure 16), où le sodium avait été précédemment déposé, chaleur qui, ainsi que je l'ai fait voir (342), se développe par le fait seul de l'amalgamation de ce métal avec le mercure. Le courant épipolique, sur le mercure, étant ici calorifuge, fuit, en s'infléchissant, le point *f*, figure 15 (ou le point *d*, figure 16), où il est demeuré une chaleur un peu élevée. C'est ainsi que l'on a vu plus haut (303) le courant épipolique à double tourbillon établi sur la surface de l'alcool, fuir, en s'inclinant obliquement, le point *a* (fig. 45), où la paroi du vase, échauffée artificiellement, avait communiquée sa chaleur à la partie de l'alcool voisine de cette paroi.

CHAPITRE IV.

Des courants épipoliques produits par l'électricité voltaïque sur le mercure recouvert d'un liquide acide.

351. Ce que je vais exposer dans ce chapitre est destiné à servir de complément au chapitre VII de la première partie de cet ouvrage, relativement surtout à la détermination de la véritable cause à laquelle doivent être rapportés les courants épipoliques que l'on observe, sous l'influence de l'électricité voltaïque, sur le mercure recouvert d'un liquide acide.

352. Lorsque le mercure est recouvert d'un liquide acide, d'acide sulfurique, par exemple, et que les deux pôles de la pile sont mis en communication avec cet acide, il s'établit deux pôles secondaires sur le mercure, et il se manifeste un courant épipolique partant du pôle positif secondaire, comme cela se voit dans la figure 49. Le mercure *s'allonge* à ce pôle positif secondaire. Ces phénomènes épipoliques sont, comme on le voit, exactement les mêmes que l'on observe lorsque le mercure est recouvert par une solution saline et que la pile est faible (333). C'est qu'effectivement le mercure se trouve alors recouvert par une solution de sel à base de mercure, puisque l'acide ne peut être en contact avec ce métal sans le dissoudre. C'est ce que j'ai établi dans la première partie de cet ouvrage (179 à 182). Le sel mercu-

riel, formé dans cette circonstance, est décomposé par l'action de la pile ; l'acide est porté au pôle positif secondaire p (fig. 49), où il dissout de nouveau le mercure ; en outre, c'est spécialement à ce pôle positif secondaire que l'acide environnant exerce son action dissolvante ; il résulte de cette action chimique un développement local de chaleur qui donne naissance au courant épipolique. Le pôle négatif secondaire n, en recevant le mercure qui provient du sel mercuriel décomposé, reçoit probablement une augmentation de chaleur par cette addition, puisque, dans ce cas, le mercure passe de l'état de liquidité aqueuse, où il était sous l'état de sulfate de mercure en solution, à l'état de liquidité métallique, c'est-à-dire à un état de liquidité moins grande. En outre, l'acide sulfurique est décomposé par l'action de la pile ; son oxygène se porte au pôle positif, et le soufre se porte au pôle négatif, où il se combine avec le mercure. Cette dernière action chimique doit être une nouvelle cause de production de chaleur au pôle négatif. Toutefois la chaleur du pôle négatif secondaire est inférieure à celle qui se développe au pôle positif secondaire. C'est ce dont je me suis assuré avec mon appareil thermo-électrique décrit plus haut (337) ; c'est pour cela que c'est à ce dernier pôle que le courant épipolique prend naissance, dans le cas dont il s'agit.

353. Si, laissant le fil de platine pôle positif dans l'acide loin du mercure, on transporte le fil de platine pôle négatif, toujours plongé dans l'acide, au-dessus du milieu de la surface du mercure, le pôle positif secondaire se déplace avec le fil de platine pôle négatif primitif, et se trouve alors situé au milieu de la surface du mercure au-dessous du pôle négatif primitif. Le courant épipolique prend naissance à ce pôle positif secondaire, et comme la position de ce pôle

est au centre du mercure, le courant épipolique se projette en rayonnant de toutes parts sur la surface de ce métal, et il revient sur lui–même, par un mouvement inverse, en suivant la surface de l'acide, lorsque ce dernier a quelques millimètres d'élévation au–dessus de la surface du mercure. Si la couche d'acide qui recouvre le mercure n'a qu'un millimètre environ d'élévation, cette couche est chassée circulairement par le courant épipolique de la surface du mercure, et ce métal demeure à nu dans une aire circulaire plus ou moins étendue.

354. J'ai observé et décrit le même courant épipolique, dans la première partie de cet ouvrage (158, 159), il s'y trouve représenté dans la figure 17. Le mercure était alors recouvert d'une solution de sulfate de soude. L'acide sulfurique du sel décomposé, transporté au pôle positif secondaire, y produisait, sur la surface du mercure, le même développement de chaleur et, par conséquent, le même courant épipolique que si ce métal eût été couvert d'acide sulfurique. Il est bien entendu, toutefois, que cela n'avait lieu que lorsque la pile était assez faible pour que la soude ne fût point décomposée, et que, par conséquent, il n'y eût point de sodium amalgamé avec le mercure.

355. Dans les figures qui représentent les expériences précédentes, j'ai supposé le rayon visuel de l'observateur dirigé de haut en bas; je trouve plus commode actuellement de supposer le rayon visuel dirigé horizontalement. La figure 53 représente la coupe verticale d'un vase de verre, dans le fond légèrement concave duquel est une nappe circulaire de mercure $a\,p$. Cette nappe de mercure est recouverte par de l'acide sulfurique pur, étendu de deux fois son volume d'eau distillée. Ce liquide acide, dont le niveau est c d, s'élève de deux millimètres environ au–dessus de la sur-

face du mercure. Un fil de platine P, correspondant au pôle positif de la pile, est plongé dans le mercure au travers de la couche du liquide acide qui le recouvre; un autre fil de platine N correspondant au pôle négatif de la pile, est plongé dans l'acide loin du mercure. Alors le mercure devient positif dans son entier, et il possède le pôle de ce nom au point p, qui est le plus voisin du fil de platine pôle négatif N. Le mercure *s'allonge* à ce point p, et on voit s'établir sur sa surface un courant épipolique instantané qui fuit ce même point p, où il prend son origine, et qui, se projetant sur la surface du mercure revient, en suivant une marche inverse, par la surface de l'acide, ainsi que cela se voit dans la figure. Ce courant doit naissance à la chaleur locale qui est produite au pôle positif p par deux causes, savoir : par l'action de l'acide sur le mercure, action qui a spécialement lieu sur le point où ce métal possède le pôle positif, et par le passage du courant électrique du mercure au liquide acide qui transmet ce courant au pôle négatif. Il y a là, en effet, un *conducteur mixte;* or, on sait qu'en pareil cas il y a arrêt d'une partie de l'électricité aux points de jonction des deux corps différents, et que là l'électricité se change en chaleur. Le courant épipolique produit dans cette circonstance, n'est qu'instantané, parce que le mercure se couvre rapidement d'un enduit noirâtre qui abolit son épipolicité. Toutefois l'*allongement* du mercure persiste après la cessation du courant épipolique, et tant que dure l'influence du courant électrique producteur de chaleur au pôle positif p, où s'observe cet *allongement*. Ces faits prouvent que l'*allongement* du mercure, et le courant épipolique qui, pendant un court instant, existe en même temps sur la surface de ce métal, bien que phénomènes également dépendants du développement d'une chaleur locale, n'ont

cependant pas des conditions d'existence entièrement semblables. Il faut, pour l'existence du courant épipolique, que
la surface du mercure soit nette ; cette condition n'est pas
nécessaire pour l'existence de l'allongement du mercure.

356. J'ai renversé (fig. 54) la disposition précédente des
fils de platine P et N. J'ai plongé le fil de platine pôle négatif N dans le mercure *a n*, et j'ai plongé le fil de platine
pôle positif P dans l'acide sulfurique. Le mercure, devenu
alors négatif dans son entier, possède le pôle de ce nom au
point *n*, là où il est le plus voisin du fil de platine pôle positif P. Le mercure, à son pôle négatif *n*, s'*allonge*, et de ce
même point *n* part un courant épipolique qui se projette
sur la surface du mercure, et qui revient, par un mouvement inverse, en suivant la surface de l'acide. Ce courant
épipolique est exactement semblable à celui qui est représenté dans la figure 53, et cela malgré la position renversée
des pôles ; il doit naissance à la chaleur produite au pôle
négatif *n*, tant par les causes que j'ai indiquées plus haut
(352) que par l'existence, dans ce point, d'un conducteur
mixte ; le courant électrique qui vient du fil de platine pôle
positif P passant de l'acide au mercure, au point *n*.

357. J'ai observé aussi les courants épipoliques représentés par les figures 53 et 54 en couvrant le mercure avec
une solution de sulfate de soude. Dans ce cas le pôle positif
p (fig. 53) recevait spécialement sa chaleur de l'action de
l'acide du sel décomposé, et le pôle négatif *n* (fig. 54) recevait spécialement sa chaleur de l'amalgation et de la combustion du sodium de la soude décomposée.

358. L'exacte similitude des deux courants épipoliques,
dans les expériences représentées par les deux figures 53
et 54, expériences dans lesquelles les pôles électriques ont
une position inverse, prouve bien évidemment que ces cou-

rants épipoliques ne sont point produits directement par le courant électrique.

359. Dans les deux dernières expériences (fig. 53, 54) le mercure est en communication directe avec l'un des deux pôles de la pile, et l'acide communique avec l'autre pôle en un point latéralement éloigné du mercure recouvert d'une couche peu épaisse de cet acide. Alors le courant épipolique fuit, sur la surface du mercure, le lieu de son origine, situé au point de la circonférence de ce métal, où se trouve placé le pôle électrique, siége du développement de la chaleur. Je change actuellement de place le fil de platine qui établit la communication de l'acide avec la pile, et je transporte ce fil, dans la couche mince d'acide, au-dessus du milieu de la surface du mercure, lequel reçoit en un point de sa circonférence l'autre fil de platine qui établit la communication directe de ce métal avec la pile. Ici il y a deux cas à considérer : celui où le mercure est en communication avec le pôle positif, et celui où il communique avec le pôle négatif, la couche mince d'acide communiquant, dans chaque cas, avec le pôle opposé. Or il est remarquable que dans ces deux cas le courant épipolique est différent, au lieu d'être semblable, comme il l'est dans les deux expériences représentées par les figures 53 et 54.

360. La figure 55 représente l'expérience dans laquelle le fil négatif N de la figure 53 est transporté au-dessus du milieu de la surface du mercure, où il est en contact avec la mince couche d'acide qui recouvre ce métal. Le fil positif P est toujours plongé dans le mercure, près de sa circonférence ; alors ce métal, positif dans son entier, possède le pôle de ce nom au milieu de sa surface au point p, au-dessous du fil de platine, pôle négatif N ; il s'établit, sur la surface du mercure, un courant épipolique qui, fuyant le pôle

positif p situé au centre de cette surface, se dirige dans le sens de tous les rayons ; ce courant centrifuge revient, par un mouvement centripète, et en suivant la surface de l'acide, vers le fil de platine pôle négatif, très-voisin du pôle positif p, et il retombe immédiatement dans le courant centrifuge, en sorte qu'il s'établit une foule de circulations, lesquelles aboutissent au même point central. Ce courant n'a qu'une durée très-courte ; bientôt le mercure se couvre d'un enduit épais, et le courant épipolique cesse par suite de l'abolition de l'épipolicité du mercure. Ce courant épipolique qui, sur la surface du mercure, fuit de toutes parts le pôle positif p, est semblable, relativement à la cause de sa production, et aussi relativement à sa direction, au courant épipolique qui a lieu dans l'expérience exposée plus haut (355), et qui est représentée par la figure 53. Dans ces deux expériences, en effet, on voit le courant épipolique fuir, sur la surface du mercure, le pôle positif p, et dans l'une comme dans l'autre il y a, à ce pôle positif p, un développement de chaleur qui est la cause productrice du courant épipolique.

361. La figure 56 représente l'expérience inverse de la précédente. Le fil de platine N, correspondant au pôle négatif de la pile, est plongé dans le mercure près de sa circonférence, et le fil de platine, pôle positif P, est mis en contact avec la couche d'acide au-dessus du milieu de la surface du mercure. Ce métal est négatif dans son entier, et le pôle de ce nom se trouve situé au point n de sa surface, qui se trouve au-dessous du fil de platine pôle positif P, lequel est en contact avec la couche mince d'acide. Dans ce cas il s'établit, sur la surface du mercure, un courant épipolique qui, de toutes les parties de cette surface, converge vers le pôle négatif n situé au milieu de cette même surface,

et ce courant entraînant la couche mince d'acide l'accumule autour de ce pôle, où elle présente un mouvement de tourbillonnement. Ce phénomène ne dure que pendant un instant. La surface du mercure se couvre rapidement d'un enduit opaque, qui paraît être du sulfure de mercure ; cet enduit, qui abolit l'épipolicité du mercure, fait, par cela même, cesser le courant épipolique, et alors l'acide accumulé au milieu de la surface du mercure retourne brusquement à son niveau naturel. J'ai déjà exposé, dans la première partie de cet ouvrage (187, 188), ce phénomène, qui avait été vu avant moi par Ermann. Cette expérience ne diffère de celle qui a été exposée plus haut (356), et qui est représentée par la figure 54, qu'en cela seul que le fil positif P, au lieu d'être placé dans l'acide loin du mercure (fig. 54), est placé dans l'acide au-dessus et à peu de distance de la surface de ce métal (fig. 56). Il semblerait que, dans ces deux expériences, le courant épipolique devrait, sur la surface du mercure, fuir de même le pôle négatif n, comme on vient de voir (355, 360) dans les deux expériences représentées par les figures 53 et 55, le courant épipolique fuir également, sur la surface du mercure, le pôle positif p. Or, dans l'expérience actuelle (fig. 56), on voit le courant épipolique, sur la surface du mercure, converger de toutes parts vers le pôle négatif n au lieu de le fuir, comme cela semblerait devoir être, d'après l'expérience analogue représentée par la figure 54. La cause de ce phénomène, qui paraît paradoxal, est facile à déterminer. D'abord l'expérience apprend que la condition de son existence est l'extrême rapprochement où se trouve le fil positif P du pôle négatif n (fig. 56) ; j'ai vu, en effet, que le courant épipolique, sur la surface du mercure, fuit le pôle négatif n (fig. 54) tant que le fil positif P est éloigné du mercure ; mais qu'en plaçant ce fil positif P très-près du pôle négatif *n* , le courant épipolique qui, sur la surface du mercure , fuyait précédemment ce pôle négatif *n*, se dirigeait au contraire vers lui ; ce courant épipolique, en se dirigeant ainsi vers le pôle négatif qu'il fuyait auparavant , est-il donc devenu *caloripète* de *calorifuge* qu'il était lorsque le fil positif P était éloigné du mercure ? Non ; ce courant épipolique est toujours *calorifuge*, ainsi qu'on va le voir par les observations suivantes.

362. Le fil du platine pôle positif P (fig. 54) développe de la chaleur à sa partie qui touche l'acide ; or il s'agit de savoir si cette chaleur est plus forte ou plus faible que celle qui se développe au pôle négatif *n*. J'ai fait usage pour cela de mon appareil thermo-électrique décrit plus haut (337), et représenté par la figure 51. Je rappelle ici que les deux soudures *a* et *b* sont contenues chacune dans un petit fourreau de verre très-mince. J'ai placé ces deux soudures, l'une auprès du fil de platine pôle positif P, et l'autre auprès du pôle négatif *n*, et toutes les deux plongées dans l'acide. L'aiguille aimantée du galvanomètre prit et conserva une déviation de 25 degrés, indiquant qu'il y avait auprès du pôle positif P 2° C. de chaleur de plus qu'auprès du pôle négatif *n*. D'après cette donnée , il devient facile de déterminer la cause des courants épipoliques observés dans les expériences qui se rapportent aux deux figures 54 et 56. Lorsque le pôle positif P est suffisamment éloigné du pôle négatif *n* (fig. 54), la chaleur développée à ce dernier pôle n'éprouve aucune influence de la part de la chaleur plus considérable développée au pôle positif P ; ainsi il n'y a point entre ces deux chaleurs la relation du *plus* au *moins*. La chaleur quelconque développée au pôle négatif *n* est *en plus* relativement à la chaleur qui existe sur le reste de la surface du mercure, et dès

lors il s'établit sur cette surface un courant épipolique calorifuge, comme cela est représenté dans cette figure 54. Or les phénomènes changent lorsque le pôle positif P est très-rapproché du pôle négatif *n*, comme cela a lieu dans la figure 56. Alors s'établit la relation du *plus* au *moins* entre les deux chaleurs développées à ces deux pôles. Le pôle positif P possédant la *chaleur en plus*, produit un courant épipolique calorifuge à la surface de l'acide, avec lequel il est en contact; ce courant réfléchi en bas, sur la surface du mercure, continue d'être calorifuge, puisqu'il se dirige vers le pôle négatif *n*, qui possède la *chaleur en moins*. Les courants épipoliques forment ainsi des tourbillons tangents à la ligne verticale P *n*; la marche de chacun de ces tourbillons est dirigée, en suivant successivement la surface de l'acide et la surface du mercure, de la *chaleur en plus*, qui existe au pôle positif P, à la *chaleur en moins* qui existe au pôle négatif *n*. On voit ainsi pourquoi le courant épipolique qui, dans la figure 54, est bien évidemment *calorifuge* par rapport au pôle négatif *n*, semble devenir *caloripète* par rapport à ce même pôle négatif *n*, dans la figure 56. Le fait est qu'il n'est ici *caloripète* que par rapport à la *chaleur en moins*, ce qui équivaut à dire qu'il est *calorifuge* par rapport à la *chaleur en plus*.

363. D'après ces principes, il devient facile de voir pourquoi, dans les expériences qui se rapportent aux figures 53 et 55, expériences qui sont analogues aux précédentes, mais avec une position inverse des pôles électriques, pourquoi, dis-je, les courants épipoliques fuient constamment le pôle positif *p* situé à la surface du mercure. Dans l'expérience qui se rapporte à la figure 53, le pôle positif *p*, éloigné du pôle négatif N, ne reçoit aucune influence de la part de la chaleur de ce dernier pôle. La chaleur dévelop-

pée au pôle positif p produit donc, par elle seule, le courant épipolique calorifuge qui se projette sur la surface du mercure. Dans l'expérience qui se rapporte à la figure 55 , les deux pôles p et N s'influencent réciproquement sous le point de vue de la chaleur développée par chacun d'eux; le pôle positif p possède la *chaleur en plus;* le pôle négatif N possède la *chaleur en moins;* par cette raison il s'établit, autour du pôle positif p , des courants épipoliques calorifuges et divergents sur la surface du mercure ; ces courants réfléchis sur la surface de l'acide y convergent vers la *chaleur en moins* que possède le pôle négatif N ; ils continuent donc d'être calorifuges par rapport à la *chaleur en plus.* On voit ainsi pourquoi , dans les expériences qui se rapportent aux deux figures 53 et 55, les courants épipoliques fuient constamment le pôle positif p situé à la surface du mercure. L'on a vu précédemment (362) pourquoi, dans les expériences inverses et cependant analogues qui se rapportent aux figures 54 et 56, le courant épipolique, tantôt fuit sur la surface du mercure le pôle négatif n situé à cette surface (fig. 54), et tantôt se dirige vers ce même pôle négatif n (fig. 56).

364. J'ai rapporté, dans la première partie de cet ouvrage (38) les expériences suivantes qui sont dues à Ermann et à Runge. Une goutte d'acide sulfurique ou d'acide nitrique étant déposée sur la surface du mercure, elle s'y étend brusquement en couche très-mince. Cet effet est dû à un courant épipolique *calorifuge.* La goutte d'acide, en dissolvant le mercure, échauffe ce métal là où elle est déposée , et cette chaleur locale donne naissance au courant épipolique calorifuge , lequel produit l'extension de cette goutte en couche mince sur la surface du mercure ; à mesure que l'acide, dans son extension, envahit cette surface, il l'échauffe

plus loin, et la production de cette chaleur nouvelle porte plus loin le courant épipolique qui ne cesse ainsi d'entraîner circulairement l'acide que lorsque la couche que forme ce dernier a acquis une minceur telle qu'elle ne peut plus s'accroître. Si alors, ainsi que l'ont fait Ermann et Runge (183), on plonge un fil de fer dans le mercure, au travers de la mince couche d'acide, ce dernier se porte tout entier vers le fil de fer autour duquel il s'accumule. Le même effet est produit en mettant un des bouts du fil de fer en contact avec la couche d'acide, et en plongeant l'autre bout dans le mercure au delà de l'espace occupé par cette couche d'acide. Dans l'un et dans l'autre cas, il y a établissement d'un courant électrique, mais ce courant a, dans le premier cas, une direction inverse de celle qu'il a dans le second cas. Or, comme il y a également, dans ces deux cas, accumulation de l'acide autour du fil de fer, vers lequel il se meut par un mouvement de convergence, il en résulte que ce n'est point le courant électrique qui produit directement ce mouvement de l'acide vers le fil de fer. Ce mouvement est évidemment produit par un courant épipolique, lequel est dirigé, de toute la partie de la surface du mercure qui est recouverte par la couche d'acide, vers le fil de fer échauffé par l'action que l'acide exerce sur lui. Un fil de platine employé en remplacement du fil de fer, dans cette expérience, ne produit point les mêmes phénomènes, parce qu'il n'est point attaqué par l'acide. Il semblerait résulter de là que le courant épipolique qui, de toute la surface du mercure, converge vers le fil de fer en entraînant la couche d'acide est un courant épipolique *caloripète;* il n'en est rien; c'est encore ici un courant épipolique *calorifuge réfléchi,* semblable à celui qui existe à la surface du mercure dans l'expérience (361) qui se rapporte à la figure 56. Voyons d'abord, en effet, ce qui se passe lorsque la goutte d'acide, étant étendue en couche mince sur la surface du mercure, on fait toucher le milieu de cette couche d'acide par l'extrémité d'un fil de fer dont l'autre extrémité est plongée dans le mercure, au-delà de l'espace occupé par la couche mince d'acide. Il y a alors établissement d'un couple voltaïque dont les deux pôles sont séparés par l'épaisseur de la couche d'acide. Le fil de fer, pôle positif, est plus attaqué par l'acide que ne l'est le mercure sur la surface duquel est le pôle négatif; par conséquent le fil de fer pôle positif possède la *chaleur en plus*, et le pôle négatif situé au-dessous de lui sur la surface du mercure possède la *chaleur en moins*. Le fil de fer pôle positif possédant la *chaleur en plus* et étant en contact avec la surface de l'acide y produit des courants épipoliques calorifuges et divergents ; ces courants calorifuges se réfléchissent sur la surface du mercure sous-jacent, et quoiqu'ils y renversent leur direction, puisqu'ils deviennent convergents, ils continuent d'être calorifuges, puisqu'ils se dirigent vers le pôle négatif situé à la surface du mercure au-dessous du fil de fer, et que ce pôle négatif possède la *chaleur en moins*. C'est cette portion réfléchie des courants épipoliques calorifuges tourbillonnants, qui en convergeant vers le même point de la surface du mercure y entraîne la couche d'acide, laquelle s'y dispose sous forme de goutte. C'est exactement le même phénomène épipolique que celui qui a lieu dans l'expérience (361) qui se rapporte à la figure 56.

365. Voyons actuellement où se trouvent et la *chaleur en plus* et la *chaleur en moins* lorsqu'on plonge le fil de fer dans le mercure en traversant le milieu de la mince couche que la goutte d'acide a formée par son extension. Pour connaître cette distribution de la chaleur, il faut nécessairement

faire la même expérience plus en grand et sous une autre forme. Dans un vase de verre dont le fond a la forme d'une gouttière, je place une petite masse allongée de mercure *a a* (fig. 61) d'environ 30 millimètres de longueur. J'enfonce dans une de ses extrémités une tige de fer bien décapée, couchée à plat, et de 12 millimètres de longueur *b*, *c*. Je couvre ensuite le mercure et la tige de fer avec de l'acide sulfurique étendu de deux fois son volume d'eau. Je préfère ici cet acide étendu d'eau à l'acide concentré, parce que son action est plus vive et plus durable sur les deux métaux. Dans le couple voltaïque formé par le contact du fer et du mercure, le premier est positif, et le second est négatif. Le fer, fortement attaqué par l'acide, est plus chaud que le mercure, qui est plus faiblement attaqué par ce même acide. C'est ce dont je me suis assuré en mettant l'une des soudures de mon appareil thermo-électrique en contact avec un point quelconque de la tige de fer, tandis que l'autre soudure était en contact avec un point quelconque de la surface du mercure. J'ai expérimenté que la chaleur de la tige de fer était au maximum à son extrémité *b* ; elle allait en décroissant de cette extrémité *b* vers l'autre extrémité *c*. Lorsque l'acide cessait d'attaquer assez vivement la tige de fer pour dégager du gaz hydrogène sur la partie voisine de son extrémité *c*, il en dégageait encore en abondance sur la partie voisine de son extrémité *b*. C'est ce moment où l'inégalité de la distribution de la chaleur était le plus marquée entre les diverses parties de l'appareil, que j'ai choisi pour comparer la chaleur qui existait près du point *c* avec celle qui existait à différents points de la surface du mercure, par exemple, au point *d*, distant de 25 millimètres du point *c*, où s'opérait la jonction des deux métaux. J'ai trouvé, avec mon appareil thermo-électrique, qu'il existait au point *d* une chaleur supérieure de près d'un degré centésimal à celle qui existait au point de jonction *c* des deux métaux. Ce dernier point était donc le moins chaud de tout l'appareil, puisque, dans le même moment, la tige de fer ailleurs qu'au point *c*, et surtout dans la partie voisine de son extrémité *b*, développait plus de chaleur que ne le faisait le mercure,

366. Cette expérience met à même d'établir sans difficulté la théorie du courant épipolique qui s'observe lorsqu'on plonge un fil de fer dans le mercure, sur lequel existe une couche d'acide sulfurique. Le point de cet appareil où existe la *chaleur en plus* est celui où le fil de fer est en contact avec la surface de l'acide qu'il traverse verticalement pour arriver au contact du mercure ; le point de ce même appareil, où existe la *chaleur en moins*, est celui où le fil de fer est en contact avec la surface du mercure. Il s'établit en conséquence un courant épipolique calorifuge sur la surface de l'acide, autour du fil de fer , là ou se développe la *chaleur en plus*. Ce courant épipolique divergent se réfléchit en bas vers la surface du mercure, et là il devient convergent sans cesser d'être calorifuge, puisqu'il est dirigé vers le point de la surface du mercure qui possède le moins de chaleur, c'est-à-dire vers le point de jonction des deux métaux. On peut admettre qu'il existe ici deux courants épipoliques calorifuges distincts : le premier existe sur la surface de l'acide , où il diverge , en marchant du point le plus échauffé de cette surface, vers tous les autres points de cette même surface dont la chaleur est moindre ; le second existe sur la surface du mercure, où il converge en marchant vers le point le moins échauffé de cette surface , dont tous les autres points possèdent une chaleur supérieure à celle qui existe à ce point de convergence. C'est ce dernier qui en-

traîne la couche d'acide et qui l'accumule , sous forme de goutte, au centre vers lequel il converge. Ces deux courants épipoliques, également calorifuges, se réunissent et se continuent l'un avec l'autre pour former un seul courant tourbillonnant.

367. Telle est la véritable explication du phénomène dont il est ici question, phénomène dont j'ai donné, dans la première partie de cet ouvrage (184 à 186), une explication que j'abandonne ; ce phénomène est exclusivement épipolique ; l'électricité n'intervient dans sa production que comme cause de distribution inégale de la chaleur qui est *en plus* dans un point et *en moins* dans un autre point ; et c'est vers le point où se trouve la *chaleur en moins* que se dirige le courant épipolique convergent qui réunit en une petite masse tout l'acide étendu sur la surface du mercure. Aussi est-il possible de donner naissance au même courant épipolique convergent , par la simple application du froid sur un point de la couche mince d'acide étendue sur la surface du mercure. C'est ce que j'ai fait en dirigeant sur une couche mince d'acide ainsi étendue, le vent froid d'un soufflet à bec étroit. Il s'établit alors un courant épipolique calorifuge dirigé en convergeant de toutes les parties de la surface de l'acide qui est échauffé par l'action chimique qu'il exerce sur le mercure , vers le point de cette même surface qui est refroidi par le jet d'air. Ce courant épipolique entraîne avec lui la couche d'acide vers le point où il converge et il l'y accumule sous forme de goutte.

368. Lorsqu'une goutte un peu grosse d'acide nitrique déposée sur la surface du mercure s'y est étendue rapidement en couche mince , il arrive, ordinairement, qu'une partie de cet acide se reforme en gouttelettes à la circonférence de l'aire circulaire qu'il a envahie. Je voulus voir si

je déterminerais ces gouttelettes d'acide à s'étendre de nouveau en dirigeant sur elles un jet d'air chaud. Pour faire cette expérience, inverse de celle dans laquelle j'avais employé un jet d'air refroidissant, j'ai préparé l'appareil suivant. Un vase de cuivre a son ouverture fermée avec un large bouchon de liége; ce boucbon est percé de deux trous; l'un d'eux reçoit le tube d'un entonnoir, l'autre reçoit un tube de verre qui se recourbe vers le bas en dehors du vase. Je mets dans l'entonnoir du sablon bien sec, qui ne peut tomber dans le vase parce que son tube est fermé par un bouchon, que je puis enlever à volonté; enfin je place sous le vase métallique une lãmpe à alcool, dans l'intention d'échauffer fortement l'air que contient ce vase. Lorsque je veux avoir un jet d'air chaud, j'enlève le bouchon qui ferme le tube de l'entonnoir, et alors le sablon que contient cet entonnoir tombe dans le vase, dont il chasse l'air, lequel sort par le tube de verre qui, recourbé vers la terre, émet un jet d'air chaud dirigé de haut en bas. Ce jet d'air peut ainsi être dirigé à volonté sur tel ou tel point de la surface du mercure, sur lequel on a placé une goutte d'acide nitrique, qui s'y est étendue d'abord, et dont une partie s'est ensuite reformée en gouttelettes. Ce jet d'air chaud, dirigé sur ces gouttelettes d'acide nitrique, les détermine immédiatement à s'étendre en couche mince sur la surface du mercure. Ce mouvement d'extension est le résultat de l'établissement d'un courant épipolique calorifuge et divergeant sur chaque gouttelette d'acide; il est le résultat de l'échauffement de leur surface, et il entraîne l'acide, dont ces gouttelettes sont formées, vers la couche mince environnante du même acide qui recouvre la surface du mercure; couche dont la chaleur est moindre que celle qu'ont acquise ces gouttelettes par le contact de l'air chaud.

En voyant la chaleur artificiellement appliquée aux gouttelettes d'acide nitrique qui conservent leur forme de goutte sur la surface du mercure déterminer leur extension sur cette surface qu'elles ne tendaient point à envahir spontanément ; en voyant le froid, artificiellement appliqué à la surface de l'acide nitrique, étendu en couche mince sur la surface du mercure rassembler cette couche d'acide en une petite masse, sous forme de goutte, on ne peut se refuser à reconnaître que, d'une part, c'est avec juste raison, que j'ai considéré l'extension spontanée d'une goutte d'acide nitrique sur la surface du mercure comme le résultat de la chaleur qu'acquiert cette goutte en attaquant le mercure, chaleur qui donne naissance à un courant épipolique calorifuge divergent ; et que, d'une autre part, c'est également avec juste raison que j'ai considéré l'accumulation, sous forme de goutte, de tout l'acide nitrique étendu en couche mince sur la surface du mercure, lorsqu'au moyen d'un fil de fer, mis en contact avec le mercure et avec la couche mince d'acide qui le recouvre, on établit un couple voltaïque dont les deux pôles possèdent, l'un la *chaleur en plus* et l'autre la *chaleur en moins ;* que c'est avec juste raison, dis-je, que j'ai considéré cette accumulation de l'acide comme le résultat de l'action d'un courant épipolique calorifuge convergent dirigé vers le point relativement *froid*, c'est-à-dire, qui possède la *chaleur en moins*.

CHAPITRE V.

**Des courants épipoliques produits par l'électricité voltaïque sur
le mercure recouvert d'un liquide alcalin.**

369. J'ai exposé, dans les huitième et neuvième chapitres
de la première partie de cet ouvrage, les phénomènes épipoliques qui s'observent, sous l'influence de l'électricité voltaïque, sur le mercure recouvert par un liquide alcalin. Je
vais compléter ici la détermination des causes auxquelles
doit être rapportée la production des courants épipoliques
dans cette circonstance.

370. Une nappe circulaire de mercure $a\,b$ (fig. 50) est
placée dans un vase de verre dont le fond possède, dans son
milieu, une concavité presque insensible, dans laquelle se
tient la nappe de mercure, vue ici de haut en bas. Ce métal
est recouvert par une couche peu épaisse d'une solution
aqueuse de potasse, laquelle s'étend assez loin autour de
lui, mais qui ne s'élève que peu au-dessus de sa surface.
Les deux fils de platine, pôle positif P et pôle négatif N, sont
placés dans la solution alcaline, de part et d'autre, du mercure. Alors il s'établit sur ce métal deux pôles secondaires,
l'un positif p et l'autre négatif n. La plupart du temps il se
manifeste d'abord, sur la surface du mercure, un courant
épipolique semblable à celui qui est représenté dans les
figures 13 et 49, courant ordinairement de peu de durée,

et que j'ai attribué (195) à ce que la potasse de la solution
qui recouvre le mercure n'est pas pure et contient du car-
bonate de potasse, ce qui arrive, en effet, presque toujours. Ce premier effet est celui que l'on observe d'abord
lorsque le mercure est recouvert par une solution saline,
ainsi que je l'ai exposé plus haut (333). Ce courant épipolique, qui n'a ordinairement qu'une durée très-courte, et
qui même n'apparaît point du tout lorsque la pile a une
énergie suffisante, doit donc, à mon avis, être considéré
comme étranger à l'expérience dont il est ici question,
expérience dans laquelle je suppose que l'alcali en solution
dans l'eau est complétement exempt d'acide combiné. Dans
l'expérience établie comme il vient d'être dit, c'est-à-dire
lorsque le mercure recouvert d'une solution de potasse possède deux pôles secondaires, je n'avais point vu précédemment (195) ce métal acquérir assez de potassium pour qu'il
en résultât l'établissement d'un courant épipolique semblable à celui qui est représenté dans les figures 14 et 50.
Cela provenait de la faiblesse de la pile que j'employais.
Lorsque j'ai fait usage d'une pile plus forte, la décomposition de la potasse et l'amalgamation du potassium avec le
mercure, pourvu seulement de pôles secondaires, ont eu
lieu en quantité suffisante pour produire les phénomènes
épipoliques suivants. Le mercure, à son pôle négatif secondaire *n* (fig. 50), *s'allonge*, et il s'établit sur sa surface un
courant épipolique qui, partant de ce pôle négatif secondaire *n*, se dirige dans le diamètre du mercure passant par
ce pôle, c'est-à-dire dans l'axe épipolique, et qui revient,
par deux courants latéraux, vers son point d'origine. Ce
phénomène est exactement le même que celui qui a lieu
lorsque le mercure est recouvert par une solution de sel à
base alcaline, et qui a été étudiée avec soin plus haut (334 à

338) ; il y a de même ici dépôt, amalgamation et combustion du potassium au pôle négatif secondaire n situé sur le mercure. De la résulte une production prédominante de chaleur sur ce point, et, par suite, production du courant épipolique dont la direction est représentée dans la figure 50.

371. Pour l'étude des phénomènes suivants, je reprends l'emploi des figures dans lesquelles les objets sont vus, le rayon visuel étant horizontal au moyen de la transparence du vase de verre, qui contient le mercure et la solution alcaline qui recouvre ce métal. Ces expériences réussissent également lorsque le mercure est recouvert par une solution de sel à base alcaline, et que le métal de l'alcali décomposé s'est amalgamé avec le mercure.

372. La nappe de mercure P, P (fig. 57), a été amalgamée avec du potassium dans l'expérience précédente (370), par l'effet de la décomposition de la potasse de la solution alcaline. Cette solution s'élève très-peu au-dessus du mercure jusqu'au niveau c d. Le fil de platine pôle négatif N est plongé dans la solution de potasse, loin du mercure, et le fil de platine pôle positif P est mis en contact avec la couche mince de cette même solution au-dessus du milieu de la surface du mercure. Alors le pôle négatif secondaire n est situé au milieu de la surface du mercure, au-dessous du fil de platine pôle positif P, et le pôle positif secondaire est situé à toute la circonférence de la nappe de mercure, et cela en raison du grand éloignement où se trouve du mercure le fil de platine pôle négatif N, qui est plongé dans la solution alcaline. Cependant, on doit reconnaître que le point de la circonférence du mercure, qui est le plus voisin du fil de platine pôle négatif N, possède le plus spécialement, ou avec le plus d'énergie, le pôle positif secondaire qui appartient cependant à toute cette circonférence. Dans

cette expérience le pôle négatif secondaire *n* est le siége du développement de la chaleur prédominante ; il possède la *chaleur en plus* tandis que le pôle positif secondaire *p p*, situé à la circonférence du mercure, possède la *chaleur en moins*. Alors le courant épipolique fuit concentriquement, sur la surface du mercure, le pôle négatif secondaire, dont la position est centrale, et il se dirige, par conséquent, vers le pôle positif secondaire situé à la circonférence. Les courants de retour s'opèrent en sens inverse en suivant la surface du liquide alcalin ; si ce dernier n'a qu'un millimètre environ d'épaisseur, il est chassé circulairement de dessus le mercure par le courant épipolique qui suit la surface du mercure, et il demeure gonflé en orle à une certaine distance du centre. Si la couche de ce liquide a deux à trois millimètres d'épaisseur, elle n'est point chassée de dessus le mercure par le courant épipolique centrifuge qui existe sur la surface de ce métal, courant que j'ai déjà indiqué dans la première partie de cet ouvrage (165, 178), où il se trouve représenté par la figure 20.

373. Je renverse la position réciproque des deux fils de platine pôles positif et négatif, comme on le voit dans la figure 58. Le fil positif P est transporté dans la solution de potasse, loin du mercure amalgamé de potassium, et le fil négatif N est mis en contact avec la couche mince de cette solution, au-dessus du milieu de la surface du mercure. Alors le pôle positif secondaire *p*, qui possède la *chaleur en moins*, se trouve situé sur le milieu de la surface du mercure, au-dessous du fil négatif N, et le pôle négatif secondaire *n n*, qui possède la *chaleur en plus*, occupe toute la circonférence du mercure. Dans cette expérience on voit le courant épipolique calorifuge, fuyant tous les points de la circonférence du mercure, se diriger vers le centre de ce métal occupé

par le pôle positif secondaire ; les courants de retour s'o-
pèrent, en sens inverse, en suivant la surface du liquide
alcalin. Si la couche de ce liquide qui recouvre le mercure
est très-mince , elle est entraînée tout entière vers ce pôle
positif secondaire central par les courants épipoliques convergents qui existent sur la surface de ce métal, et elle
s'accumule en tourbillonnant autour du fil négatif **N**.

374. Le mercure amalgamé de potassium étant toujours
recouvert d'une solution aqueuse de potasse, je plonge le
fil de platine pôle négatif **N** (fig. 54) dans ce métal près de
sa circonférence ; le fil de platine pôle positif **P** est plongé
dans la solution de potasse loin du mercure. Alors le mercure devient négatif dans son entier, et le pôle de ce nom
se trouve situé au point *n* qui est le point de la circonférence du mercure le plus voisin du fil positif **P**. A ce pôle
négatif *n*, le mercure s'*allonge* et de ce même pôle part un
courant épipolique, qui se projette sur la surface du mercure, comme on le voit dans la figure. Ce courant épipolique
est produit par la chaleur qui est développée au pôle négatif *n*, par l'amalgamation et la combustion du potassium ; le
reste de la surface du mercure, où s'opère aussi la combustion du potassium, possède la *chaleur en moins*. C'est pour
cela que le courant épipolique se dirige en rayonnant du
point *n* vers tous les autres points de la circonférence de la
nappe de mercure. Ce rayonnement n'a lieu que lorsque la
couche de solution alcaline qui recouvre le mercure a une
épaisseur suffisante pour permettre le retour du courant
épipolique en sens inverse, et en suivant la surface de la
solution. Lorsque cette dernière ne recouvre le mercure
que d'une couche d'un millimètre d'épaisseur, le courant
épipolique, sur la surface du mercure, se projette dans l'axe
épipolique, et il revient de chaque côté vers le lieu de son

origine ou au point n, en formant deux courants latéraux, ce qui forme deux tourbillons accolés. Je fais observer ici que ce courant épipolique conserve constamment sa même direction ; il ne la change point lorsque le fil positif P est placé très-près du pôle négatif n. Ce phénomène continue ainsi de s'observer même lorsque le fil de platine pôle positif est transporté au-dessus du milieu de la surface du mercure, où il est en contact avec la couche mince de solution alcaline qui recouvre ce métal, comme on le voit dans la figure 59. Le pôle négatif n, est transporté alors au milieu de la surface du mercure, au-dessous du fil positif P, et le courant épipolique, sur la surface du mercure, fuit de toutes parts ce pôle négatif n, qui possède la *chaleur en plus*. J'ai déjà fait mention de ce phénomène épipolique dans la première partie de cet ouvrage (196), où il est représenté par la figure 22.

375. J'intervertis la position respective que possèdent, dans l'expérience précédente, les deux fils de platine pôles positif et négatif. Je plonge le fil positif dans le mercure amalgamé de potassium, et cela près de sa circonférence; je place le fil de platine pôle négatif dans la solution alcaline et loin du mercure, comme on le voit dans la figure 53. Alors le mercure, devenu positif dans son entier, possède le pôle positif au point p de sa circonférence qui est le plus rapproché du fil négatif N. Le mercure *s'allonge* à ce pôle positif p, et il part de ce point un courant épipolique qui se projette sur la surface du mercure, en fuyant ce pôle positif p, lequel, en sa qualité de pôle électrique, possède plus de chaleur que le reste de la surface du mercure. Or, si l'on rapproche le fil négatif N du pôle positif p, et cela à la distance de deux à trois millimètres, on voit le courant épipolique existant sur la surface du mercure se renverser ; il se

dirige de tous les points de cette surface vers le pôle positif p. Ce nouveau courant existe de même lorsqu'on transporte le fil négatif N (fig. 60), au-dessus du milieu de la surface du mercure où il se trouve en contact avec la couche très-mince de solution alcaline qui recouvre ce métal amalgamé de potassium. Alors le pôle positif est au point p de la surface du mercure, au-dessous du fil négatif N. Le courant épipolique est alors dirigé de toutes parts sur la surface du mercure, vers ce point central occupé par le pôle positif p, et il entraîne avec lui la couche mince du liquide alcalin, lequel s'accumule en tourbillonnant autour du fil négatif N. Je ferai observer qu'on ne peut obtenir ce courant épipolique qu'en réduisant à un millimètre l'épaisseur de la couche de la solution alcaline qui recouvre le mercure. Lorsque cette couche est plus épaisse, le mercure se couvre, à son pôle positif p, d'un enduit jaune disposé en cercles concentriques. La présence de cet enduit abolit l'épipolicité du mercure et s'oppose, par conséquent, à ce qu'il s'établisse un courant épipolique sur sa surface.

376. Ces expériences nous montrent des phénomènes analogues à ceux qui ont été observés plus haut (356, 359, 361) lorsque le mercure pur était recouvert d'acide sulfurique, et leur résultat est, en apparence tout aussi paradoxal. On a vu, en effet, le mercure pur étant recouvert d'acide sulfurique (fig. 54), le courant épipolique fuir, sur la surface de ce métal, le pôle négatif n, lorsque ce pôle était éloigné du pôle positif P, et, au contraire, le courant épipolique se diriger, sur la surface du mercure, vers ce même pôle négatif n (fig. 56) lorsque ce dernier pôle se trouvait très-rapproché du pôle positif P. Or, on vient de voir des phénomènes analogues, quoique en sens inverses, lorsque le mercure amalgamé de potassium était recouvert d'une solution

aqueuse de potasse. On a vu, en effet , dans cette circonstance (fig. 53) le courant épipolique fuir, sur la surface du mercure , le pôle positif p lorsque ce pôle était éloigné du pôle négatif N, et se diriger , au contraire, vers ce même pôle positif p (fig. 60) lorsque ce dernier pôle était très-rapproché du pôle négatif N. Ces deux phénomènes analogues, quoique inverses sous un certain point de vue, dépendent de causes analogues, comme on va le voir.

377. Dans l'expérience qui se rapporte à la figure 54 (356) le mercure pur étant recouvert d'acide sulfurique , le pôle positif P est plus chaud que le pôle négatif n. C'est ce dont je me suis assuré (362) avec l'appareil thermo-électrique. Dans l'expérience qui se rapporte à la figure 53 (375) le mercure amalgamé de potassium étant recouvert d'une solution aqueuse de potasse, le pôle négatif N est plus chaud que le pôle positif p; c'est ce dont je me suis également assuré avec mon appareil thermo-électrique. Dans l'un et dans l'autre cas , la chaleur du pôle plongé dans le liquide aqueux qui recouvre le mercure, et loin de ce métal, n'influence point la chaleur du pôle opposé qui est situé au bord de la surface du mercure ; dès lors, la chaleur de ce dernier pôle , lequel est négatif n dans un cas (fig. 54), et qui est positif p dans l'autre cas (fig. 53) produit également un courant épipolique qui , sur la surface du mercure , fuit le pôle, siége du développement d'une chaleur supérieure à celle qui existe sur le reste de la surface du mercure ; ce courant épipolique est donc dirigé de la *chaleur en plus* vers la *chaleur en moins*. Or , lorsque sur le mercure pur recouvert d'acide sulfurique (fig. 56) le pôle positif P est très-rapproché du pôle négatif n; et lorsque sur le mercure amalgamé de potassium et recouvert d'une solution aqueuse de potasse (fig. 60), le pôle négatif N est très-rapproché du

pôle positif *p*, les chaleurs développées par ces pôles très-rapprochés l'un de l'autre s'influencent réciproquement ; il s'établit la relation du *plus* au *moins* entre les deux chaleurs développées à ces deux pôles. C'est donc celui de ces deux pôles qui possède la *chaleur en plus* qui doit donner naissance au courant épipolique calorifuge, courant qui se réfléchira ensuite par un mouvement de tourbillon pour revenir vers son point d'origine. Ainsi, sur le mercure pur recouvert d'acide sulfurique (fig. 56), c'est le pôle positif P qui possède la *chaleur en plus*, et comme ce pôle est en contact avec la surface de l'acide, il y donne naissance au courant épipolique calorifuge, lequel se réfléchit ensuite sur la surface du mercure où il se dirige vers le pôle négatif *n* qui possède la *chaleur en moins*, et de là il remonte dans le courant épipolique qui existe sur la surface de l'acide. Par contre, on observe, sur le mercure amalgamé de potassium et recouvert d'une solution aqueuse de potasse (fig. 60) que le pôle négatif N, qui possède la *chaleur en plus* et qui est en contact avec la surface de la solution alcaline, donne naissance, sur cette surface, au courant épipolique calorifuge, lequel se réfléchit ensuite vers le bas sur la surface du mercure, où, continuant d'être calorifuge, il se dirige, en convergeant, vers le pôle positif *p*, lequel possède la chaleur en moins.

378. Il résulte, de cet ensemble d'observations que, lorsqu'un pôle électrique, situé sur la surface du mercure, recouvert d'un liquide acide ou alcalin, est éloigné du pôle opposé, lequel est plongé dans ce liquide loin du mercure, il donne naissance à un courant épipolique, sur la surface du mercure, en vertu de la chaleur qu'il possède, c'est-à-dire que ce courant épipolique fuit constamment ce pôle ; il n'y a ici aucune influence de la part du

pôle opposé qui est éloigné. Il en résulte, en outre, que lorsque le pôle électrique en contact avec le liquide aqueux est très-rapproché de l'autre pôle situé sur la surface du mercure, le courant épipolique prend naissance à celui de ces deux pôles qui possède la *chaleur en plus ;* il suit d'abord la surface qui est en contact avec ce pôle, puis il se réfléchit vers le pôle opposé, lequel possède la *chaleur en moins*, et cela en suivant la surface sur laquelle est situé ce dernier pôle.

379. J'aborde actuellement l'expérience de Serullas dans laquelle le mercure amalgamé avec du potassium et recouvert d'eau ou d'une solution de potasse reçoit le contact d'une tige métallique. Les courants épipoliques qui se manifestent, dans cette circonstance, ont été étudiés dans la la première partie de cet ouvrage (203 à 215), mais cette étude n'a pas été complète. Je dois y revenir ici.

380. Lorsqu'une tige de fer ou de platine est plongée verticalement dans du mercure amalgamé avec du potassium et recouvert d'eau qui devient bientôt une solution de potasse, il s'établit, autour de la tige métallique et sur la surface du mercure, des courants épipoliques, les uns convergents vers la tige métallique, et semblant obéir à une attraction de la part de cette tige ; les autres divergents et semblant obéir à une répulsion de la part de cette même tige. Chaque courant convergent se continue avec un courant divergent, en sorte que, de l'assemblage de ces deux courants inverses, il résulte des tourbillons. J'ai décrit ce phénomène dans la première partie de cet ouvrage (207, fig. 28). Je croyais alors que, pour l'obtenir, il fallait que la solution alcaline, qui recouvrait l'amalgame de potassium, eût très-peu de profondeur ; je croyais que lors de la profondeur plus grande de cette solution alcaline, il n'y avait, à la surface de

l'amalgame de potassium, que des courants épipoliques convergents, lesquels, se réfléchissant vers le haut sur la tige métallique, devenaient divergents sur la surface de la solution alcaline (205, fig. 27), en sorte que la tige métallique était environnée de tourbillons verticaux qui lui étaient tangents de toutes parts. Les courants divergents s'observent effectivement à la surface de la solution alcaline, mais ils ne sont que les simples effets d'un remous. Les véritables courants épipoliques n'existent qu'à la surface de l'amalgame de potassium, et leur direction n'est pas seulement celle de la convergence vers la tige métallique plongée dans cet amalgame, ils offrent aussi la direction de la divergence, en sorte qu'il y a, sur la surface de l'amalgame de potassium, des courants épipoliques tourbillonnants, lesquels résultent de la continuité des courants convergents et des courants divergents. Lorsque la solution alcaline a très-peu de profondeur, qu'elle est réduite à une couche mince, ces courants épipoliques tourbillonnants deviennent bien plus faciles à voir, parce qu'ils entraînent avec eux la totalité de cette solution qui se trouve accumulée en tourbillonnant autour de la tige métallique. Ce fait prouve que les courants convergents ont plus de force que les courants divergents, puisque c'est à l'action impulsive des premiers de ces courants qu'est due l'accumulation de la solution alcaline autour de la tige métallique.

381. Pour voir facilement les courants épipoliques tourbillonnants qui existent à la surface du mercure amalgamé de potassium lorsqu'il est touché par une tige de fer ou de platine, et qu'il est recouvert par une solution de potasse très-peu profonde, il faut établir l'expérience de la manière suivante.

382. Du mercure, dont la surface est bien nette, est placé

dans le fond du vase de verre *a a*, vu ici de haut en bas (fig. 41);
il est recouvert d'une solution aqueuse de potasse qui contient 1/50 de son poids de cet alcali. Le vase de verre, perforé au point *c*, reçoit, dans le trou pratiqué à sa paroi, un
bouchon de liége que traverse un gros fil de platine, lequel
se trouve en contact avec le bord de la surface du mercure.
Il s'agit actuellement d'amalgamer du potassium avec ce
mercure. Le moyen le plus facile serait d'y ajouter un peu
d'amalgame très-chargé de potassium; mais on y ajouterait
nécessairement, en même temps, un peu de l'huile de
naphte qui sert à conserver cet amalgame. Or, on a vu plus
haut (311) que cette huile, qui demeure adhérente à la surface du mercure, y produit des courants épipoliques; ces
courants troubleraient l'expérience que l'on se propose de
faire; il faut donc nécessairement ici amalgamer du potassium avec le mercure au moyen de l'action de la pile voltaïque, c'est-à-dire, en faisant communiquer le mercure
avec le pôle négatif et la solution alcaline avec le pôle positif, ainsi que je l'ai déjà fait plus haut (312). Lorsque, de
cette manière, le mercure est amalgamé avec une suffisante
quantité de potassium, on supprime l'action de la pile, et
on réduit, à moins d'un millimètre, l'épaisseur de la couche
de solution de potasse qu'on laisse sur la surface du mercure. La flamme qui, pour d'autres expériences, a échauffé
précédemment, au point *d*, le fil de platine, n'existe pas ici.
On voit alors s'établir sur la surface de cet amalgame de
potassium, un courant épipolique semblable à celui qui est
représenté dans la figure 41. La couche mince de la solution
de potasse qui recouvre le mercure amalgamé de potassium
se porte vers le point *c*, où le fil de platine *b c* est en contact avec le bord de cet amalgame, et elle s'y accumule;
elle est poussée vers ce point par un courant épipolique

affluent vers ce même point , et dont la partie centrale $o\,i$ est seule représentée ici ; ce courant, arrivé au point i, où il presse la solution alcaline accumulée, se réfléchit, de chaque côté, pour former deux courants latéraux i, m, o ; i, n, o , lesquels viennent rejoindre en o le courant médian et affluent o, i. Ce courant épipolique à double tourbillon existe de même sur la surface de l'amalgame de potassium, lorsque la solution aqueuse de potasse qui recouvre cet amalgame est profonde.

383. Quelle est la cause de ce courant épipolique ? Où se trouvent ici la *chaleur en plus* et la *chaleur en moins,* causes générales de la production et de la direction des courants épipoliques ? J'ai admis, dans la première partie de cet ouvrage (210), la théorie explicative suivante, relativement aux courants épipoliques qui sont dirigés, sur la surface de l'amalgame de potassium, vers la tige métallique en contact avec cet amalgame. La tige métallique constitue l'élément négatif du couple voltaïque dont l'amalgame de potassium est l'élément positif. Le pôle positif, qui est le pôle oxydant, est situé à la circonférence de cet amalgame, lorsque la tige métallique est plongée à son centre. C'est donc à ce pôle positif que s'opère l'oxydation du potassium ou sa transmutation en potasse. J'admettais que, par le seul fait de cette production de potasse caustique à la circonférence du mercure amalgamé de potassium, il devait naître de cette circonférence un courant épipolique convergent vers le centre occupé par la tige métallique. Il y avait, dans cette théorie, ce fait sous-entendu mais sur lequel je m'étais expliqué antérieurement (68), que la potasse, en se dissolvant, à mesure de sa production dans la faible solution de potasse environnante, développait de la chaleur, en sorte que c'eût été effectivement ce développement local de chaleur qui

eût été la cause de la production du courant épipolique convergent. Ainsi, en se reportant à l'expérience précédente (382), qui se rapporte à la figure 41, le pôle négatif du couple voltaïque étant sur le fil de platine *b c*, le pôle positif est situé à la partie opposée *o* de la circonférence de l'amalgame de potassium, et la combustion continuelle du potassium à ce pôle positif, combustion qui a pour résultat de produire continuellement de la potasse caustique, donnerait à ce point *o* une chaleur plus élevée que celle qui existait aux autres points de la surface de l'amalgame de potassium, et de cette *chaleur en plus* naîtrait le courant calorifuge *o i*, lequel se dirigerait vers le fil de platine pôle négatif, c'est-à-dire, vers le point *c*, où existerait la *chaleur en moins*. Or, cette théorie, en apparence rationnelle, s'est trouvée renversée par une observation directe et décisive.

384. Pour savoir où se trouve la *chaleur en plus* à la surface du mercure amalgamé de potassium recouvert d'une solution aqueuse de potasse, et au centre duquel est plongée une tige de fer ou de platine, j'ai fait usage de mon appareil thermo-électrique décrit plus haut (337), et représenté, en partie, par la figure 51. Les deux soudures *a* et *b* sont contenues chacune dans un petit fourreau de verre très-mince; j'ai placé ces deux soudures sur la surface de l'amalgame de potassium, l'une à la circonférence de cet amalgame, l'autre à son centre près de la tige de fer qui y était plongée. Le sens de la déviation de l'aiguille aimantée du galvanomètre indiqua que la *chaleur en plus* existait auprès de la tige de fer. J'ai fait la même expérience en plaçant une des soudures de mon appareil thermo-électrique auprès du point *i* (fig. 41), et l'autre soudure auprès du point *o*, et j'ai trouvé que la *chaleur en plus* existait auprès du point *i*,

c'est-à-dire auprès du fil de platine en contact, au point c, avec le bord de l'amalgame de potassium.

385. Ma théorie précédente ne pouvait évidemment se soutenir devant ces expériences qui me prouvaient que, sur la surface de l'amalgame de potassium, la *chaleur en plus* se trouvait, non au pôle positif, mais auprès du pôle négatif, Ce phénomène, au reste, pouvait être théoriquement prévu. Ainsi, dans l'expérience représentée par la figure 41, le potassium, parce qu'il est électro-positif, doit fuir le pôle positif situé en o, à la circonférence de l'amalgame de potassium, et se rendre, par conséquent, auprès du pôle négatif, c'est-à-dire auprès du fil de platine qui est en contact, au point c, avec le bord de cet amalgame. C'est donc là que le potassium, qui a commencé son oxydation au pôle positif, vient, tout en continuant cette oxydation, l'achever auprès du fil de platine ou auprès du pôle négatif. C'est là, en effet, que se dégage en abondance le gaz hydrogène, résidu de la décomposition de l'eau dont le potassium a absorbé l'oxygène. C'est donc de cet afflux du potassium en train d'oxydation vers le pôle négatif que résulte l'excès de chaleur qui se manifeste auprès de ce dernier pôle. Il ne peut paraître douteux, à mon avis, que le courant épipolique, dirigé du pôle positif vers le pôle négatif, ne soit favorisé et fortifié par le mouvement de translation dans le même sens qu'éprouve le potassium, en sorte que l'électricité intervient ici, non par elle-même, mais par le moyen du mouvement qu'elle imprime au potassium, pour donner à ce courant épipolique une grande partie de son énergie.

386. Dans le courant épipolique à double tourbillon que l'on observe dans cette expérience (fig. 41), où se trouvent les courants épipoliques *primitifs* et les courants *de retour ?*

Si, pour juger cette question, on se fondait sur l'énergie relative des uns ou des autres de ces courants, on déciderait que c'est le courant médian *o i*, qui est *primitif*, et que, par conséquent, les deux courants latéraux *i, m, o ; i, n, o*, seraient les courants *de retour*. Alors le courant *primitif* serait *caloripète*, puisqu'il est dirigé vers la *chaleur en plus*. Or, il n'en est rien ; ce sont véritablement les deux courants latéraux *i, n, o ; i, m, o*, qui sont les courants épipoliques *primitifs*, et ils sont calorifuges. Le courant médian *o, i* est le courant de *retour* qui complète les deux tourbillons accolés. Voici les preuves de mon assertion.

387. J'échauffe au point *d* (fig. 41) le fil de platine *b c* au moyen de la flamme d'une lampe à alcool. Le courant épipolique à double tourbillon, qui existe sur la surface de l'amalgame de potassium, conserve sa direction indiquée dans la figure et devient plus vif. On voit alors les deux courants latéraux *i, n, o ; i, m, o*, s'élancer, dans la direction qui leur est ici assignée, par l'effet de vives et brusques répulsions successives, dont la cause émane du point échauffé *c*. Or, ces répulsions brusques et intermittentes sont le caractère le plus marqué des courants épipoliques calorifuges produits sur les liquides aqueux par la chaleur appliquée au bord de leur surface, ainsi que je l'ai exposé plus haut (285). Il est donc certain que les deux courants latéraux *i n o ; i m o*, sont ici les courants épipoliques *primitifs calorifuges*, et que le courant médian *o i* est le *courant de retour*, continuation des deux courants latéraux.

388. Il résulte de ces expériences que le mercure amalgamé de potassium et recouvert d'une couche de solution de potasse étant mis en contact, au bord de sa surface, avec une tige de fer ou de platine, la combustion du potassium s'opère spécialement auprès du pôle négatif de ce couple

voltaïque, c'est-à-dire auprès de la tige métallique, et y produit un développement local de chaleur, qui est la cause productrice du courant épipolique, lequel s'établit alors sur la surface de l'amalgame de potassium ; courant à double tourbillon , semblable à celui qui est produit sur la surface de l'eau par la chaleur appliquée localement au bord de sa surface (285). Or, comme le sens dans lequel se dirigent les courants épipoliques sur la surface des liquides, est l'indice du genre d'épipolicité que possèdent ces liquides (288), il en résulte que l'amalgame de potassium, lorsqu'il est devenu l'élément positif d'un couple voltaïque, possède la même épipolicité que l'eau ou l'*épipolicité aqueuse*. Or, j'ai fait voir (310) que ce même amalgame de potassium , lorsqu'il est seul, lorsqu'il n'est point rendu électro-positif par le contact d'un autre métal, possède l'*épipolicité huileuse*, ce qui est indiqué par la direction inverse (fig. 42) que prend sur sa surface le courant épipolique à double tourbillon produit par la chaleur, qui est transmise, au bord de sa surface et au travers de la paroi du vase de verre, par le fil métallique *b c* échauffé. L'*épipolicité huileuse* que possède naturellement le mercure amalgamé de potassium, est donc changée en *épipolicité aqueuse* lorsque cet amalgame possède l'électricité positive. Ceci semble établir un lien direct entre l'*épipolicité* et l'électricité : l'*épipolicité aqueuse* appartiendrait à la surface des corps électro-positifs, et l'*épipolicité huileuse* appartiendrait à la surface des corps électro-négatifs, comme le sont les huiles, etc.

389. J'ai fait voir plus haut (292) que le mercure pur possède aussi l'*épipolicité huileuse*, et qu'il la manifeste, soit à l'air libre (291), soit lorsqu'il est recouvert par un liquide aqueux (306), lorsqu'on applique la chaleur, au bord de sa surface , au moyen d'un fil métallique échauffé. Alors le

courant épipolique à double tourbillon, qui est produit sur la surface de ce métal, est pareil à celui qui est représenté dans la figure 42. Le fil métallique *b c* est ici censé être en contact immédiat avec le mercure. On vient de voir (382) que le fil métallique échauffé *b c* (fig. 41) étant de même en contact immédiat avec le mercure amalgamé de potassium, le courant épipolique à double tourbillon est dirigé en sens inverse de celui qui a lieu, dans la même circonstance, sur le mercure pur. Or, le mercure amalgamé de potassium, et recouvert d'eau ou d'une solution aqueuse de potasse, tend rapidement à redevenir mercure pur. Lors donc qu'on continue pendant un certain temps l'expérience dans laquelle un fil de platine échauffé, et en contact immédiat avec le bord de l'amalgame de potassium, y produit le courant épipolique représenté dans la figure 41, et qui est propre aux surfaces qui possèdent l'*épipolicité aqueuse*, on doit finir par voir, lorsque le potassium est épuisé, le courant épipolique à double tourbillon renverser sa direction sur la surface du mercure redevenu pur, et devenir pareil à celui qui est représenté dans la figure 42, courant épipolique qui est propre aux surfaces qui possèdent l'*épipolicité huileuse*. C'est effectivement ce qui arrive. Lorsque le potassium amalgamé avec le mercure commence à s'épuiser, on voit par intervalles le courant épipolique, représenté par la figure 41, se renverser en devenant semblable à celui qui est représenté par la figure 42 ; l'instant d'après le courant représenté par la figure 41 se rétablit. On voit ainsi ces deux courants épipoliques inverses se succéder à de courts intervalles, et, pour ainsi dire, se combattre, jusqu'à ce qu'enfin le potassium étant tout à fait épuisé, le courant épipolique représenté dans la figure 42 règne seul et sans obstacle sur la surface du mercure redevenu pur.

Alors le courant épipolique ne doit plus sa production qu'à la seule chaleur communiquée au mercure par le fil de platine échauffé. C'est le phénomène que j'ai déjà étudié plus haut (306).

390 La théorie, qui vient d'être établie relativement au courant épipolique à double tourbillon qui s'établit sur la surface du mercure amalgamé de potassium au contact de cet amalgame avec un fil métallique, s'applique à ces courants épipoliques si singuliers que j'ai décrits à la fin du IXe chapitre de la première partie de cet ouvrage (219 à 237) et aux figures de laquelle je renvoie pour ce que j'ai à dire ici. Un globule d'amalgame de potassium a (fig. 29) est mis en contact latéral avec un gros fil de platine $b\,b$ auquel il adhère, et qui est couché horizontalement sur le fond d'un vase de verre ; le tout est couvert d'une couche peu épaisse d'une solution aqueuse de potasse. Le globule d'amalgame de potassium a forme, avec le fil de platine $b\,b$, un couple voltaïque dont le pôle positif est sur le globule en p et dont le pôle négatif est sur le fil de platine en n. C'est donc auprès du fil de platine que s'opère spécialement la combustion du potassium, et c'est là, par conséquent, qu'existe la *chaleur en plus*. Le reste de la surface du globule d'amalgame de potassium, et spécialement la partie de cette surface sur laquelle est situé le pôle positif p, possède la *chaleur en moins*. Dans ce mode de disposition de l'expérience, le courant épipolique à double tourbillon est d'abord extrêmement petit et à peine apercevable ; il est proportionné à la petitesse du globule d'amalgame de potassium ; cette exiguité du courant épipolique à double tourbillon subsiste jusqu'à ce que la combustion du potassium contenu dans le globule d'amalgame soit arrivée à son terme ; à ce moment final, qui est très-court, les deux courants épipoliques ca-

lorifuges latéraux s'élancent tout d'un coup, et comme par une sorte de décharge, sur la surface de la solution alcaline, solution dont le niveau est à peu près le même que celui du point culminant du globule d'amalgame de potassium : puis ces deux courants épipoliques latéraux, qui ont pris une très-grande extension, s'infléchissent l'un vers l'autre, en formant par deux courbes les courants de retour, lesquels viennent ensemble joindre le pôle positif p du globule d'amalgame de potassium, et continuant leur marche sur la surface de ce globule, ils viennent retomber dans les deux courants calorifuges latéraux. C'est ainsi que s'établit, sous l'œil de l'observateur, le courant épipolique à double tourbillon qui est représenté dans la figure 29.

391. Quelle est la cause de cette sorte de *décharge* par laquelle les deux courants calorifuges latéraux sont lancés avec tant d'impétuosité sur la surface de la solution alcaline ? Y aurait-il une augmentation subite dans l'intensité de l'électricité au moment où finit l'oxydation du potassium ? C'est ce que j'ai recherché au moyen de l'expérience suivante. Deux fils de platine très-fins, communiquant avec le galvanomètre, ont été placés, l'un en contact avec le gros fil de platine de la figure 29, ou avec l'élément négatif du couple voltaïque, l'autre en contact avec la solution alcaline environante. Le courant électrique, marchant dans la solution alcaline du globule d'amalgame de potassium, élément positif du couple voltaïque vers le fil de platine plongé dans cette solution, suivait ce fil, traversait l'hélice du galvanomètre, et venait, en suivant le second fil de platine, aboutir au gros fil de platine, élément négatif. La déviation de l'aiguille aimantée du galvanomètre indiquait la force de ce courant électrique dont j'avais modéré l'énergie en lui faisaut traverser un liquide imparfaitement conducteur, de

l'alcool suffisamment étendu d'eau. Sans cette précaution, l'aiguille aimantée aurait été soumise à une cause trop violente de déviation. Or, dans cette expérience, je n'observai aucune augmentation dans la déviation de l'aiguille aimantée lorsque arriva la *décharge* qui donna subitement une si grande extension et une si grande accélération au courant épipolique à double tourbillon représenté par la figure 29. Je ne sais donc à quoi attribuer cette sorte de décharge, qui n'est point un phénomène électrique ; c'est un phénomène exclusivement épipolique. Immédiatement après l'accomplissement de ce phénomène, l'aiguille aimantée du galvanomètre revint vers son point d'équilibre, ce qui attesta la cessation du courant électrique. Ainsi, il est bien certain que c'est au moment où finit l'oxydation du potassium qu'arrive cette singulière *décharge épipolique*, laquelle, ainsi que je l'ai fait observer (217), s'opère par les deux angles qu'offre le globule de mercure à sa jonction avec la partie latérale du fil de platine.

392. Je ne possède point encore les éléments nécessaires pour expliquer les phénomènes épipoliques que j'ai exposés dans la première partie de cet ouvrage (225, 235) et qui se rapportent aux figures 33, 34 et 39.

393. Lorsqu'on place sur du mercure sec un morceau de potassium dont la surface, en contact avec celle du mercure, est exempte d'oxydation, est bien pourvue de son éclat métallique, il y a sur-le-champ commencement d'amalgamation, et, par conséquent, production de chaleur (342) au point de contact de ces deux métaux. Il résulte de là, qu'il s'établit sur la surface du mercure des courants épipoliques calorifuges, lesquels occasionnent, par réaction, le mouvement de translation du morceau de potassium. Bientôt le potassium s'oxyde à l'air, et cela surtout au moyen de la

décomposition de l'eau que l'air tient en dissolution. Cette combustion est une nouvelle et plus puissante cause de production de chaleur, et il en résulte une augmentation dans l'énergie des courants épipoliques calorifuges qui naissent autour du morceau de potassium, lequel se meut par un effet de réaction. La surface du mercure, autour du morceau de potassium, se trouve bientôt couverte par une couche de solution de potasse caustique, et alors le potassium, en contact avec un liquide aqueux, opère sa combustion avec encore plus de rapidité, en sorte qu'il en résulte plus de production de chaleur et, par conséquent, plus de rapidité dans les courants épipoliques calorifuges, qui prennent leur origine auprès du morceau de potassium. On voit ce dernier se mouvoir, par réaction, en présentant des saccades vives et multipliées ; il chasse autour de lui, tout ce qui peut ternir la surface du mercure, surface qui demeure ainsi parfaitement nette dans une aire circulaire d'une étendue qui varie à chaque instant.

394. Serullas a observé que les alliages du potassium avec plusieurs métaux, avec l'antimoine ou le cobalt, par exemple, étant mis en petits fragments sur le mercure recouvert d'une couche mince d'eau, s'y meuvent avec une grande rapidité. L'observation apprend qu'il existe, dans cette circonstance, sur la surface du mercure, des courants épipoliques calorifuges qui fuient de tous côtés le fragment d'alliage de potassium. C'est exactement le même phénomène que celui qui est produit, dans les mêmes circonstances, par le potassium pur, ainsi que cela vient d'être exposé (393). Le potassium se dégage du métal auquel il est allié ; il y en a une partie qui s'oxyde en décomposant l'eau et qui forme, avec ce liquide, de l'hydrate de potasse, tandis qu'une autre partie s'amalgame avec le mercure. Ce sont là trois sources

de production de chaleur qui, par leur réunion, donnent aux courants épipoliques calorifuges l'extrême vivacité qu'ils présentent. Les petits fragments d'alliage de potassium, maintenus artificiellement à la surface de l'eau seule, s'y meuvent aussi, mais bien plus lentement que sur le *bain de mercure aqueux*, ainsi que le nomme Serullas. C'est qu'il n'y a plus alors que deux causes de production de chaleur, qui sont l'oxydation du potassium et la formation de l'hydrate de potasse.

CHAPITRE VI.

Des courants épipoliques produits par l'électricité voltaïque
sur le mercure recouvert d'eau pure.

395. J'ai exposé, avec détail, dans le cinquième chapitre
de la première partie de cet ouvrage, les phénomènes épipoliques que l'on observe dans une goutte d'eau placée sur
la surface du mercure et mise en communication, soit avec
le pôle positif, soit avec le pôle négatif de la pile voltaïque,
le mercure correspondant, dans l'un et dans l'autre cas,
avec le pôle opposé. Je n'ai rien à ajouter à ces faits ; il me
reste seulement ici à établir leur théorie.

396. Une grosse goutte d'eau distillée, placée sur la surface du mercure, y conserve la forme hémisphérique. Le
sommet de cette goutte d'eau est mis en communication
avec le pôle positif de la pile voltaïque, au moyen d'un fil
de platine très-fin ; le mercure, en dehors de la goutte d'eau,
est mis en communication, au moyen d'un autre fil de platine, avec le pôle négatif de la pile. Alors le mercure tout
entier devient négatif, et le pôle de ce nom se trouve situé
à sa surface, au-dessous du fil de platine, pôle positif, lequel
est en contact avec la surface de la goutte d'eau. Il s'établit
alors un courant épipolique qui, sur la surface de la goutte
d'eau, fuit de toutes parts le fil de platine, pôle positif, qui
la touche, et qui ensuite, revenant en sens inverse sur la

surface du mercure vers le pôle négatif, situé à la surface de ce métal, au-dessous du pôle positif, retombe dans le courant centrifuge, qui part de ce dernier pôle. Il s'établit ainsi, dans l'intérieur de la goutte d'eau, une foule de tourbilloas tangents les uns aux autres dans la ligne verticale qui joint les deux pôles. Lorsque le fil de platine, pôle positif, au lieu de toucher la surface de la goutte d'eau à son centre, la touche près de sa circonférence, on n'observe plus dans la goutte d'eau que deux tourbillons qui sont tangents l'un à l'autre dans celui des diamètres de cette goutte qui passe par le pôle positif, diamètre que j'ai désigné sous le nom d'*axe épipolique*.

397. Lorsqu'on renverse la position que je viens d'indiquer, des deux pôles électriques ; qu'on met le fil de platine pôle négatif en contact avec la surface de la goutte d'eau, et le fil de platine, pôle positif, en contact avec le mercure en dehors de la goutte d'eau, cette dernière est subitement étendue en couche très-mince sur la surface du mercure.

398. Je n'indique ici que très-sommairement ces phénomènes dont on peut voir l'exposé détaillé dans la première partie de cet ouvrage.

399. C'est avec beaucoup d'incertitude que j'ai cherché à établir (133) la théorie de ces phénomènes épipoliques ; je les ai rapprochés avec raison de certains autres phénomènes épipoliques, et notamment de ceux que présente le camphre placé à la surface de l'eau ; mais je n'ai point déterminé quelle était leur cause véritable. Je vais ici remplir cette lacune, et faire voir que les courants épipoliques, observés dans les expériences, dont il est ici question, doivent leur production à la chaleur développée aux pôles électriques.

400. Lorsque le fil de platine, pôle positif, est en contact

avec la surface de la goutte d'eau placée sur le mercure et que le fil de platine, pôle négatif, est plongé dans le mercure, en dehors de la goutte d'eau, le véritable pôle négatif se trouve situé à la surface du mercure, au-dessous du pôle positif. Ces deux pôles sont ainsi séparés l'un de l'autre par de l'eau pure. Il y a production de chaleur à ces deux pôles, et l'on sait, par l'expérience d'OErsted, citée plus haut (330), que dans cette circonstance, le pôle positif développe plus de chaleur que le pôle négatif. Ainsi, dans l'expérience dont il est ici question, le pôle positif, situé à la surface de la goutte d'eau, possède la *chaleur en plus* et le pôle négatif, situé à la surface du mercure, possède la *chaleur en moins*. Il en résulte qu'il s'établit, à la surface de l'eau, un courant épipolique calorifuge, lequel fuit le pôle positif possédant la *chaleur en plus* et que ce même courant épipolique calorifuge réfléchi sur la surface du mercure s'y dirige vers le pôle négatif possédant la *chaleur en moins*. De ces courants épipoliques inverses dans leur direction, mais également calorifuges qui s'établissent sur la surface de l'eau et sur celle du mercure naissent les tourbillons que l'on observe dans cette circonstance. La goutte d'eau est alors légèrement déprimée par l'effet du courant épipolique calorifuge qui existe à sa surface, courant qui tend à élargir un peu cette goutte en entraînant une partie de sa substance et en tendant à la porter au-delà de ses limites naturelles. D'un autre côté, le courant, inverse dans sa direction, qui existe à la surface du mercure, tend à entraîner l'eau vers le pôle négatif situé à la surface de ce métal dans l'intérieur de la goutte d'eau. La forme un peu déprimée que prend cette goutte est la résultante de l'action des forces combinées de ces deux courants épipoliques, l'un courant *primitif*, l'autre courant *de retour*, lesquels sont opposés dans leur direction.

401. Lorsqu'on met le fil de platine pôle négatif en contact avec la surface de la goutte d'eau, et qu'on plonge le fil de platine pôle positif dans le mercure, en dehors de cette goutte, le véritable pôle positif se trouve à la surface du mercure au-dessous du pôle négatif dont il est séparé par l'épaisseur de la goutte d'eau. Alors le pôle positif, situé à la surface du mercure, et possédant la *chaleur en plus* produit sur cette surface, un courant épipolique calorifuge tellement fort et tellement rapide qu'il entraîne immédiatement toute la goutte d'eau, laquelle s'étend en couche mince sur le mercure, ce qui fait que cette goutte aplatie quitte sur-le-champ le contact du fil de platine pôle négatif qui touchait sa surface. Le circuit électrique étant ainsi subitement interrompu le courant épipolique calorifuge sur la surface du mercure n'est point déterminé à se réfléchir en sens inverse, sur la surface de l'eau vers le pôle négatif possédant la *chaleur en moins*, puisque ce pôle n'existe plus. Ainsi, il n'y a point ici d'établissement de tourbillons; le courant épipolique calorifuge sur la surface du mercure ayant donc seul une existence momentanée, il entraîne toute la substance de la goutte d'eau dans la direction qu'il affecte, c'est-à-dire, qu'il l'étend en couche mince sur la surface du mercure.

402. L'eau étant ainsi étendue en couche mince, si l'on plonge le fil de platine pôle négatif dans le mercure, en dehors de cette couche d'eau, et qu'ensuite on mette cette couche d'eau en contact avec le fil de platine pôle positif on voit, à l'instant, l'eau animée d'un mouvement de concentration reprendre sa forme de goutte un peu surbaissée. Cela provient de ce que les deux courants décrits précédemment (396) s'établissent. Celui de ces deux courants calorifuges qui existe à la surface du mercure, et qui est dirigé

de la circonférence de la goutte d'eau vers son centre occupé par le pôle négatif ramène l'eau vers ce pôle qui possède la *chaleur en moins* et lui rend ainsi sa forme de goutte déprimée légèrement par le courant calorifuge qui existe à sa surface et qui part du pôle positif, lequel possède la *chaleur en plus*.

CHAPITRE VII.

Des mouvements épipoliques produits par l'action des vapeurs
sur la surface des liquides.

403. Le mouvement imprimé aux corps légers flottants
sur l'eau ou sur le mercure par l'action de certaines vapeurs
était encore naguère attribué par tous les physiciens à l'action
impulsive de ces vapeurs qui , dans leur expansion rapide,
agiraient à la manière d'un souffle. Dans la première partie
cet ouvrage (89), j'ai rapporté des expériences qui infirment
cette opinion, et qui font voir que ces mouvements dépendent de l'action de la force épipolique. Depuis j'ai communiqué à l'Académie des sciences de nouvelles expériences
que je vais exposer ici et qui confirment pleinement ma
manière de voir à cet égard. Je reproduis textuellement ,
sauf quelques suppressions, les deux communications que
j'ai faites à l'Académie des sciences [1].

404. « Pour faire les expériences que je vais exposer, je
place sur la surface des liquides des corps pulvérulents
que ces liquides ne puissent pas dissoudre et qui soient
assez légers pour y flotter librement. Ainsi je me sers, suivant les circonstances de râpure de liége, de poudre de ly-
copode, de noir de fumée, de fleur de soufre, etc. ; je sus-

1. Séances des 27 juin et 4 juillet 1842.

pends à une tige de verre une goutte du liquide volatil qui doit donner du mouvement à ces corps légers flottants , et je la leur présente à peu de distance. Voici une partie des faits que j'ai observés.

405. « La vapeur de l'ammoniaque repousse vivement les corps légers flottants sur la surface de l'eau, elle ne les repousse point du tout sur la surface du mercure sec. On pourrait expliquer cela en disant que l'absence de la répulsion sur le mercure proviendrait de ce que ce métal opposant plus de résistance que l'eau à la progression des corps flottants, la vapeur de l'ammoniaque n'aurait pas une expansion assez puissante ou un *souffle* assez fort pour vaincre cette résistance qu'elle parviendrait facilement à vaincre sur la surface de l'eau ; mais l'expérience suivante infirme cette explication. La vapeur de l'acide nitrique repousse d'une manière presque insensible les corps légers qui flottent sur la surface de l'eau , et cela seulement dans le premier instant de l'approche de cette vapeur ; elle n'y produit plus ensuite aucune action motrice. Si même l'eau n'est pas parfaitement pure , si elle contient des sels calcaires, ainsi que cela a lieu pour la plupart des eaux de source, la vapeur de l'acide nitrique ne repousse point du tout les corps légers qui flottent à la surface de cette eau. Or cette même vapeur repousse très-vivement ces mêmes corps flottant sur la surface du mercure. L'explication ci-dessus , fondée sur la différence de la résistance qu'opposeraient l'eau et le mercure à la progression des corps flottants, tombe évidemment devant cette dernière expérience dans laquelle on voit une vapeur repousser les corps légers sur la surface du mercure et les repousser à peine , ou même ne les point repousser du tout sur la surface de l'eau. Ce n'est donc point par leur expansion rapide, agissant à la manière d'un *souffle*, que les

vapeurs des substances très-volatiles repoussent les corps légers qui flottent à la surface des liquides ; car on ne voit pas pourquoi, selon la nature de la vapeur, son *souffle* serait tantôt puissant au-dessus de l'eau et impuissant au-dessus du mercure, et tantôt, à l'inverse, serait puissant au-dessus du mercure et impuissant au-dessus de l'eau. Mais voici d'autres faits qui infirmeront encore davantage la théorie que je combats.

406. « La vapeur de l'éther est celle qui a le plus de puissance pour repousser les corps légers qui flottent à la surface des liquides. Comme c'est aussi le liquide le plus rapidement vaporisable, cela tendrait à venir à l'appui de la théorie qui fait dériver de l'expansion rapide de la vapeur, ou de son *souffle*, la répulsion des corps légers flottants. La vapeur de l'éther repousse ces corps sur l'eau, sur le mercure, sur les huiles fixes, sur l'huile essentielle de térébenthine, sur les solutions aqueuses d'alcalis fixes qui n'excèdent pas un certain degré de densité ; elle les repousse également sur les acides, et c'est ici que je vais exposer des faits nouveaux et curieux.

407. « J'ai mis flotter de la fleur de soufre à la surface de l'acide sulfurique concentré : c'est à peu près la seule substance pulvérulente qui puisse se maintenir flottante sur cet acide. Ayant présenté au-dessus de sa surface une goutte d'éther sulfurique suspendue à une tige de verre, je vis, avec surprise, que la fleur de soufre était attirée par la goutte d'éther. J'observai le même phénomène en mettant à la surface de l'acide d'autres corps légers qui pouvaient s'y soutenir pendant un temps très-court, sans doute, mais cependant suffisant pour pouvoir constater le phénomène, lequel ainsi n'est point particulier à la fleur de soufre. Mon acide concentré possédait la densité 1,82. J'en étendis une

partie avec un peu d'eau distillée. Cet acide , ainsi pourvu d'une densité moindre, continua à présenter l'attraction des corps légers sur sa surface par la goutte d'éther. Je continuai à affaiblir mon acide, et lorsqu'il eut pris, par l'adjonction d'une suffisante quantité d'eau, la densité 1,546 (environ 2 volumes d'acide sulfurique concentré sur 1 volume d'eau), je n'observai plus l'attraction des corps légers qu'il tenait flottants lorsque je présentai une goutte d'éther près de sa surface. Ainsi, l'acide sulfurique ayant une dilution telle qu'il possédait la densité 1,546 , les corps légers quelconques qui flottent à sa surface ne reçoivent plus aucun mouvement par l'approche d'une goutte d'éther sulfurique. Je ferai observer que lorsque l'acide sulfurique commence à être étendu d'eau, il devient bien plus facile de varier la nature des corps légers que l'on met flotter à sa surface, qu'il ne l'était lorsque l'acide était concentré. La température, pendant ces expériences, varia de + 20 à 21 degrés C., et mes solutions d'acide sulfurique dans l'eau possédaient cette température ambiante, à laquelle je les ramenais par un prompt refroidissement; car on sait qu'en mêlant l'acide sulfurique à l'eau , il se développe beaucoup de chaleur. Lorsque j'en vins à l'emploi de l'acide sulfurique pourvu d'une densité un peu inférieure à 1,546, j'observai une faible répulsion des corps légers qui flottaient à sa surface par l'approche de la goutte d'éther. En employant ensuite de l'acide dont la dilution était de plus en plus grande, et dont, par conséquent, la densité était de plus en plus faible, je vis s'augmenter l'énergie de la répulsion des corps légers flottants par l'approche de la goutte d'éther.

408. « Ainsi on voit, dans ces expériences, la même goutte de liquide volatil , par la même température, agissant, par sa vapeur , sur la surface du même acide à des

degrés différents de densité , opérer l'attraction des corps légers flottants à la surface de cet acide, tant que la densité de ce dernier est supérieure à 1,546, et, au contraire, opérer la répulsion de ces mêmes corps flottants lorsque la densité de l'acide est inférieure à la densité moyenne 1,546, densité moyenne à laquelle il n'y a ni attraction, ni répulsion.

409. « L'ammoniaque liquide m'a offert, dans ce genre d'expériences , des phénomènes analogues à ceux qui m'avaient été présentés par l'éther. Je présentai une goutte d'ammoniaque au-dessus de la surface de l'acide sulfurique concentré sur lequel flottait de la fleur de soufre. La température était alors à + 21 degrés C. Je n'aperçus aucun mouvement sur la surface de l'acide. Je mis en usage , pour la même expérience, de l'acide graduellement affaibli par l'adjonction de l'eau distillée jusqu'à la densité 1,0675 ; (environ 11 volumes d'eau sur 1 volume d'acide sulfurique concentré) ; je vis toujours la même immobilité des corps légers flottants sur la surface de l'acide, auquel je présentais une goutte d'ammoniaque. Je ne me rebutai point , et je continuai à soumettre à cette expérience de l'acide sulfurique de plus en plus affaibli. Lorsque enfin je fus arrivé à une dilution de l'acide telle, qu'il ne possédât plus que la densité 1,045 (environ 19 volumes d'eau sur 1 volume d'acide sulfurique concentré), je commençai à voir que la goutte d'ammoniaque attirait les corps légers flottants sur la surface de l'acide : cette attraction devint très-manifeste lorsque la densité de l'acide fut abaissée à 1,033. Je continuai à augmenter la dilution de l'acide , observant toujours l'attraction opérée sur sa surface par l'approche d'une goutte d'ammoniaque, et cela jusqu'à ce que cette dilution toujours croissante eût amené l'acide à la densité 1,00068

(environ 1199 volumes d'eau sur 1 volume d'acide sulfurique concentré) ; alors je n'observai plus aucun mouvement sur la surface de l'acide, lors de l'approche de la goutte d'ammoniaque. Ayant augmenté la dilution de cette dernière solution d'acide sulfurique, en lui ajoutant 1 volume d'eau égal au sien, je vis que les corps légers flottants à sa surface furent repoussés par l'approche de la goutte d'ammoniaque ; je continuai d'observer le même phénomène, en augmentant ensuite indéfiniment la dilution de l'acide sulfurique.

410. « Ainsi la goutte d'ammoniaque, par son approche de la surface de l'acide sulfurique, produit, sur cette surface, les mêmes phénomènes d'attraction et de répulsion qui y sont produits par l'approche d'une goutte d'éther ; mais il y a une très-grande différence dans les densités de l'acide, auxquelles ces phénomènes de mouvement ont lieu dans l'un et dans l'autre cas.

411. « L'acide nitrique concentré ayant la densité 1,2978, et sur la surface duquel j'ai mis flotter de la râpure de liége m'a offert la répulsion de ces corps légers, par l'approche d'une goutte d'éther. A plus forte raison cette répulsion s'observe-t-elle sur cet acide étendu d'eau. J'ai fait ces expériences et les suivantes par des températures de + 18 à 20 degrés C. Si la goutte d'éther ne produit point d'attraction sur la surface de l'acide nitrique, il n'en est pas de même de la goutte d'ammoniaque qui, étant approchée de la surface de cet acide, produit l'attraction des corps légers qui y flottent, tant que la densité de cet acide est supérieure à 1,0096 (environ 31 volumes d'eau sur 1 volume d'acide concentré). A des densités inférieures de cet acide, la goutte d'ammoniaque produit la répulsion des corps légers flottants à sa surface ; ces corps légers demeurent immo-

biles lorsque l'acide nitrique possède la densité moyenne
1,0096.

412. « L'acide tartrique m'a offert des phénomènes analogues. La goutte d'éther produit constamment la répulsion
des corps légers qui flottent à sa surface, quelle que soit la
densité de sa solution, densité que j'ai élevée jusqu'à 1,3295
(60 parties d'acide cristallisé sur 100 parties de solution).
Il n'en est pas de même par rapport à la goutte d'ammoniaque : tant que la solution d'acide tartrique possède une
densité supérieure à 1,0225 (5 parties d'acide cristallisé sur
100 parties de solution), la goutte d'ammoniaque, présentée
près de sa surface, attire les corps légers qui y sont flottants.
Lorsque la densité de cet acide est inférieure à 1,0225, la
goutte d'ammoniaque repousse, au contraire, ces corps
légers. Lorsque la solution de cet acide possède la densité
moyenne 1,0225, les corps légers qui flottent à sa surface ne
sont ni attirés ni repoussés par la goutte d'ammoniaque.
J'ai fait ces expériences par des températures de + 18 et
20° C.

413. « Il résulte de ces expériences que la goutte d'éther
ne produit d'attraction que sur la surface du seul acide sulfurique. Je pense que cela provient de ce que cet acide seul
est pourvu d'une densité suffisante pour pouvoir présenter
ce phénomène. On vient de voir, en effet, que l'attraction
produite par la goutte d'éther sur la surface de cet acide,
n'a lieu qu'autant que sa densité est supérieure à 1,546; or
l'acide nitrique et la solution d'acide tartrique sont bien
loin de pouvoir atteindre cette densité. On ne voit point,
toutefois, ce en quoi consiste ici l'influence de la densité de
l'acide, mais cette influence est bien établie par l'expérience, tant par rapport à la goutte d'éther que par rapport
à la goutte d'ammoniaque.

414. « Je vais actuellement comparer les actions motrices produites sur la surface de l'acide sulfurique et de l'acide tartrique par l'approche d'une goutte d'éther ou d'ammoniaque avec les actions motrices produites par le contact immédiat de ces gouttes avec la surface de ces acides.

415. « La température étant à + 21 degrés C., j'ai mis en expérience de l'acide sulfurique concentré, sur la surface duquel flottait de la fleur de soufre. J'ai présenté au-dessus et très-près une goutte d'éther sulfurique suspendue à une tige de verre, laquelle était fixée à une petite crémaillère, en sorte que je pouvais l'abaisser par un mouvement gradué. Le soufre pulvérulent fut attiré par cette goutte; j'abaissai alors la tige de verre jusqu'à ce que la goutte d'éther fût en contact immédiat avec la surface de l'acide. A l'instant de ce contact, la fleur de soufre fut repoussée circulairement; elle s'éloigna, par un mouvement centrifuge, du lieu où la goutte d'éther avait été déposée. Ainsi l'action à distance de la goutte d'éther sur la surface de l'acide sulfurique concentré, et le contact immédiat de cette goutte sur cette même surface, donnent lieu à des phénomènes de mouvement inverses : dans le premier cas il y a attraction ou mouvement centripète, en considérant comme centre le point de la surface de cet acide qui correspond verticalement à la goutte d'éther ; dans le second cas il y a répulsion ou mouvement centrifuge, en considérant comme centre le lieu où la goutte d'éther a été déposée.

416. « Les mêmes phénomènes s'observent par la même température, ou par une température voisine, en employant de l'acide sulfurique étendu d'une quantité d'eau distillée suffisante pour que sa densité demeure au-dessus de 1,546, qui est la densité moyenne en deçà de laquelle la goutte d'éther, par son action à distance, commence à repousser

les corps légers qui flottent sur la surface de l'acide sulfurique. Il était curieux de savoir si, cet acide ayant une densité inférieure à la densité moyenne 1,546, alors que l'action à distance de la goutte d'éther sur cet acide est répulsive, il y aurait attraction par le contact immédiat de cette
goutte avec ce même acide. La température étant à + 21
degrés C., j'ai pris de l'acide sulfurique amené, par l'addition d'une suffisante quantité d'eau distillée, à la densité
1,204 et qui possédait la température ambiante : une goutte
d'éther suspendue au-dessus et près de sa surface, re-
poussa les corps légers qui y flottaient. J'abaissai alors la
tige de verre qui portait cette goutte jusqu'au contact de
celle-ci avec la surface de l'acide ; à l'instant les corps légers
se portèrent rapidement, et par un mouvement centripète,
vers le point de la surface de l'acide sur lequel avait été
déposée la goutte d'éther, et ils y demeurèrent animés pa
un mouvement de trépidation très-rapide qui ne dura que
pendant un instant.

417. « Il résulte de ces expériences que le contact immédiat d'une goutte d'éther sur la surface de l'acide sulfurique exerce constamment sur cette surface une action
motrice inverse de celle qui est exercée, sur cette même
surface, par le contact de sa seule vapeur, ou, en d'autres
termes, par l'action à distance de cette goutte. Lorsque la
densité de l'acide est supérieure à 1,546, le contact de la
vapeur de la goutte d'éther produit une action attractive
sur cette surface, et le contact immédiat y produit une
action répulsive. Lorsque la densité de l'acide est inférieure
à 1,546, ces deux actions motrices sont renversées ; le contact de la vapeur de la goutte d'éther produit une action
répulsive sur la surface de l'acide, et le contact immédiat
de cette goutte y produit une action attractive.

418. « J'ai observé les mêmes phénomènes en employant des solutions d'acide tartrique, au-dessus de la surface desquelles je suspendais une goutte d'ammoniaque. Lorsque , par une température de + 18 à 20 degrés , je faisais usage d'une solution de cet acide supérieure en densité à 1,0225 (5 parties d'acide cristallisé sur 100 parties de solution), la goutte d'ammoniaque suspendue au-dessus de la surface attirait les corps légers qui y flottaient, et le contact immédiat de cette goutte avec cette même surface repoussait ces mêmes corps légers. Lorsque, au contraire, j'employais une solution d'acide inférieure en densité à 1,0225 et contenant, par exemple , 1 ou 2 parties d'acide sur 100 de solution, l'action à distance de la goutte d'ammoniaque repoussait les corps légers flottants sur cette solution , et le contact immédiat de la goutte d'ammoniaque avec la surface de cette solution attirait ces mêmes corps légers. Toutefois ce dernier phénomène , quoique sensible , était bien moins marqué que ne l'était le phénomène analogue que j'avais observé en employant l'acide sulfurique à faible densité et mis en contact immédiat avec une goutte d'éther.

419. « Je n'ai employé les expressions d'*attraction* et de *répulsion* dans l'exposé des phénomènes ci-dessus, que pour exprimer brièvement les deux modes opposés de l'action de la force qui produit ici deux mouvements en sens inverses : ce ne sont point, en effet, des attractions et des répulsions semblables à celles que nous offrent l'électricité et le magnétisme qui se montrent à nous dans ces phénomènes ; ce sont des courants ou centripètes ou centrifuges que l'on observe sur la surface des liquides, et ce sont ces courants qui entraînent les corps légers flottants. Ainsi, par exemple, lorsque l'on voit les corps qui flottent à la surface de l'acide sulfurique se porter, par une attraction apparente ,

vers la goutte d'ammoniaque suspendue au-dessus de la surface de cet acide, on distingue très-bien que ce ne sont point ces corps flottants qui reçoivent immédiatement l'action motrice, mais que c'est effectivement et seulement le liquide qui les porte ; c'est lui qui les entraîne dans son mouvement centripète. Ce liquide devient alors plus élevé au-dessous de la goutte d'ammoniaque qu'il ne l'est tout autour. S'il n'y a sur sa surface qu'un seul corps léger flottant et qu'il soit un peu éloigné de la goutte d'ammoniaque, il s'en approche un peu et il s'arrête à distance, demeurant alors immobile, ce qui prouve qu'il n'est point attiré ; car, s'il l'était, il continuerait de s'approcher du corps attirant. Si alors on enlève la tige de verre qui porte la goutte d'ammoniaque, il s'opère dans le liquide acide un vif et brusque reflux, lequel reporte le corps flottant à la place qu'il occupait précédemment : on dirait alors qu'il est vivement repoussé. Le fait est qu'il n'a reçu ni attraction dans le premier cas, ni répulsion dans le second cas ; il n'a fait que suivre, dans le premier cas, le mouvement centripète du liquide, mouvement qui a donné à ce liquide un exhaussement léger et constant de niveau au-dessous de la goutte d'ammoniaque ; et, dans le second cas, il a suivi le mouvement brusque de reflux de ce liquide. J'insiste sur ces faits, parce qu'ils sont très-importants pour l'établissement de la théorie de ces phénomènes singuliers, dans lesquels il est évident qu'il n'y a aucune action motrice exercée directement sur les corps légers flottants, et que cette action motrice s'exerce tout entière et exclusivement sur le liquide, lequel communique son mouvement aux corps légers qu'il porte. Voilà pour ce qui a rapport à l'action à distance exercée par la goutte d'éther ou d'ammoniaque sur le liquide acide. Voyons actuellement ce qui se passe lors du contact immédiat de cette goutte avec ce même liquide acide.

420. « Lorsque s'opère le dépôt de la goutte d'éther sur la surface de l'acide sulfurique concentré, ou de la goutte d'ammoniaque sur la surface d'une solution très-dense d'acide tartrique, on observe l'extension circulaire et centrifuge de la goutte du liquide très-peu dense sur la surface du liquide acide très-dense, et c'est cette extension centrifuge qui chasse circulairement les corps légers flottants, lesquels semblent ainsi être repoussés. Cela est surtout évident de la part de la goutte d'ammoniaque déposée sur la surface d'une solution d'acide tartrique qui contient, par exemple, 35 parties d'acide cristallisé sur 100 de solution. On voit alors l'extension centrifuge et superficielle de la goutte d'ammoniaque par le moyen des cristaux de tartrate d'ammoniaque qui se disposent rapidement à la surface de la solution acide dans une aire circulaire dont la circonférence s'agrandit en fuyant le centre, et dans laquelle les cristaux, disposés en aiguilles inclinées sur des axes centraux, comme le sont les barbes d'une plume sur leur tige, offrent ainsi des sortes de végétations dont les bases sont appuyées sur la circonférence de l'aire circulaire, et dont les sommets sont tous dirigés vers le centre. Cette cristallisation toute superficielle et qui ne tarde pas à se dissoudre dans l'acide sousjacent, fait voir, clairement et à découvert, l'extension en couche très-mince de la goutte d'ammoniaque sur la surface de l'acide, extension circulaire par laquelle les corps flottants ont éprouvé une *répulsion apparente*, laquelle n'est véritablement qu'une *propulsion*. C'est évidemment de même par l'extension circulaire centrifuge de la goutte d'éther déposée sur la surface de l'acide sulfurique concentré que s'opère la *répulsion apparente* des corps légers qui flottent sur la surface de cet acide. Ce sont ces mêmes

phénomènes d'extension centrifuge et superficielle que l'on observe lorsqu'on dépose une goutte d'huile fixe ou essentielle sur la surface de l'eau, ou une goutte d'alcool sur la surface d'une huile fixe. Les corps légers qui flottent sur ces liquides sont alors de même propulsés par le courant centrifuge de la goutte de liquide qui s'étend circulairement ; ils semblent ainsi être *repoussés*.

421. « Les phénomènes de mouvement que l'on observe dans mes expériences ont ainsi le même mécanisme que celui des mouvements qui ont été observés depuis long-temps, tant par rapport à l'action exercée *à distance* sur l'eau par le camphre, par les huiles essentielles, par l'éther, etc., que par rapport au contact immédiat de ces substances avec l'eau. Il y a pourtant ici cette différence que l'action à distance de ces substances sur l'eau et leur contact immédiat avec ce liquide produisent sur ce dernier le même mode de mouvement, tandis que, dans mes expériences, il y a, en pareil cas, un renversement de l'action motrice.

422. « Les physiciens attribuent presque généralement la répulsion apparente des corps légers flottants sur l'eau, par l'approche d'une substance très-volatile, à l'expansion rapide de la vapeur de cette substance, vapeur qui agirait ainsi à la manière d'un *souffle*. Quant à l'extension circulaire et en couche mince d'un liquide très-peu dense ou très-léger sur la surface d'un liquide plus dense, ils la considèrent comme l'effet de la force capillaire. Appliquera-t-on ces explications théoriques aux phénomènes évidemment semblables que présentent mes expériences ? Il est évident que cela ne se peut pas. En effet, on peut conclure avec certitude de mes expériences que c'est la même force qui produit les attractions et les répulsions apparentes qu'elles offrent à l'observation, puisque, en changeant seu-

lement la densité du liquide acide, la goutte d'éther ou
d'ammoniaque mise en rapport avec lui produit sur sa surface, tantôt l'attraction apparente et tantôt la répulsion
apparente, tandis que les conditions physiques dans lesquelles se trouve la goutte d'éther ou d'ammoniaque n'ont
point changé. Or si, sous l'influence toujours la même de
cette goutte agissant à distance sur la surface de l'acide
situé au-dessous, on observe tantôt l'attraction apparente
et tantôt la répulsion apparente sur cette surface, il en résulte, de la manière la plus certaine, que le mode de l'action motrice exercée par cette goutte ne consiste pas dans
l'impulsion mécanique qui serait produite par l'expansion
rapide de sa vapeur, ainsi que l'admettent les physiciens,
car cette expansion rapide ne pourrait produire que la répulsion apparente en agissant à la manière d'un *souffle*. Je
ferai un raisonnement analogue relativement aux actions
motrices produites par le contact immédiat ou par le dépôt
de la goutte d'éther ou d'ammoniaque sur la surface de
l'acide, actions motrices qui sont opposées entre elles selon
que l'acide possède une densité élevée ou une densité moins
élevée, mais toujours extrêmement supérieure à la densité
de la goutte d'éther ou d'ammoniaque qui est déposée sur
sa surface, en sorte que cette goutte se trouve, dans l'un et
dans l'autre cas, dans des conditions telles qu'elle peut
flotter sur le liquide dense acide, et s'y étendre circulairement en vertu de l'attraction capillaire. Or cette extension
circulaire, qui s'opère par un mouvement centrifuge, n'a
lieu que sur le liquide acide très-dense ; non-seulement elle
n'a point lieu sur le liquide acide moins dense, mais elle y
est remplacée par un mouvement opposé, par un mouvement centripète, par un mouvement inverse de celui qu'o-
pérerait la force capillaire, laquelle possède cependant ici

les conditions de son action. Il est donc parfaitement évident que ce n'est pas la force capillaire qui est ici en action, car il n'est pas dans la nature de cette force de renverser sa direction selon les changements de densité qu'éprouve le corps sur lequel se trouve le liquide qu'elle meut. C'est donc une autre force qui agit ici, et cela de manière à imiter, mais dans un cas seulement, l'action de la force capillaire, ce qui fait qu'on peut la confondre, par erreur, avec elle. Il résulte de là que ce n'est point non plus la force capillaire qui produit l'extension superficielle et centrifuge de l'huile sur l'eau ou de l'alcool sur l'huile ; que ce n'est point non plus, par conséquent, cette même force capillaire qui produit l'extension centrifuge de certains liquides déposés sous forme de goutte sur d'autres liquides étendus en couche mince sur une lame de verre, d'après les expériences faites, en premier lieu, par B. Prévost, expériences que j'ai suivies et multipliées. La force qui produit tous ces phénomènes est évidemment une force particulière ; c'est elle que j'ai désignée sous le nom de *force épipolique* ; elle est très-probablement une modification de la force électrique ; mais, ainsi que je crois l'avoir démontrée (1), elle n'est point l'électricité telle que nous la connaissons.

423. « Voici une dernière expérience dans laquelle on observe encore des phénomènes successifs de répulsion et d'attraction sous l'influence de la même vapeur. Ici, c'est sur la surface du mercure que l'on observe ces phénomènes, et c'est l'acide chlorhydrique qui les produit par son action à distance. Lorsqu'on présente une goutte d'acide chlorhydrique au-dessus de la surface du mercure parfaitement pur sur lequel flottent des corps légers, ces corps sont brusque-

____

1. *Recherches sur la force épipolique*, p. 54, première partie.

ment et vivement repoussés. Bientôt, par la condensation de la vapeur de cet acide sur la surface du mercure, celui-ci se couvre d'un enduit blanchâtre qui est, je pense, du chlorure de mercure; alors on n'observe plus la répulsion qui était opérée précédemment par l'action à distance de la goutte d'acide, lorsque la surface du mercure était nette et brillante; il n'y a plus aucun mouvement de produit. Or il n'en est plus ainsi lorsque le mercure est impur et se trouve uni à une quantité même très-minime d'un autre métal, et spécialement du cuivre, à ce qu'il m'a paru. Alors, après la formation de l'enduit blanchâtre à la surface du mercure, et la cessation de la répulsion opérée par l'action à distance de la goutte d'acide chlorhydrique, il se manifeste une attraction sous l'influence de cette même action. On voit les corps légers flottants à la surface du mercure, et qui sont enchâssés dans la couche d'enduit blanchâtre, se porter avec cette couche vers la goutte d'acide. Il paraît que c'est la couche d'enduit blanchâtre qui seule obéit à cette force, en apparence attractive, et qu'elle entraîne avec elle les corps légers qu'elle enchâsse; car cette couche reçoit le même mouvement lorsqu'il n'y a point de corps légers flottants sur le mercure. Ainsi on voit, dans cette expérience, l'action à distance de la goutte d'acide chlorhydrique produire une répulsion apparente, lorsqu'elle s'exerce sur la surface nette du mercure, et produire, au contraire, une attraction apparente lorsqu'elle s'exerce sur la surface de l'enduit blanchâtre qui a recouvert ce métal, qui doit être impur pour que le dernier de ces phénomènes ait lieu.

424. « Bien qu'il me fût démontré, par mes expériences précédentes, que la répulsion apparente, observée dans ces expériences, n'est point le résultat de l'impulsion mécanique produite par l'expansion rapide ou par le *souffle* de

la vapeur de la goutte d'ammoniaque, j'ai cru cependant devoir m'assurer, par de nouvelles expériences, que cette théorie ne pouvait être admise spécialement dans le cas dont il s'agit ici. J'ai dit plus haut que, lorsque l'acide nitrique est assez étendu d'eau distillée pour ne plus posséder que la densité 1,0096 (1 volume d'acide nitrique à la densité 1,2978 sur 31 volumes d'eau distillée), et que la température est à + 20 degrés C., une goutte d'ammoniaque ne produit, par son action à distance, ni attraction ni répulsion sur la surface de cet acide. J'ai expérimenté qu'en employant de l'acide nitrique diminué de densité jusqu'à 1,0078 (1 volume d'acide nitrique sur 37 volumes d'eau), la goutte d'ammoniaque produit, par son action à distance, la répulsion apparente sur sa surface. Or j'ai substitué à l'eau pure une solution d'une partie de sucre candi dans neuf parties d'eau distillée, pour opérer la dissolution de l'acide nitrique ; d'une part, j'ai uni 1 volume de cet acide à 31 volumes d'eau sucrée, et, d'une autre part, j'ai uni 1 volume du même acide à 37 volumes d'eau sucrée. Le premier de ces mélanges avait la densité 1,08, et le second la densité 1,079. Le premier n'offrit ni attraction ni répulsion sur sa surface par l'approche d'une goutte d'ammoniaque, ainsi que l'avait fait le mélange de 1 volume d'acide nitrique et de 31 volumes d'eau pure, mélange dont la densité était 1,0096 ; le second offrit la répulsion sur sa surface par l'approche d'une goutte d'ammoniaque, ainsi que l'avait fait le mélange de 1 volume d'acide nitrique et de 37 volumes d'eau pure, mélange dont la densité était 1,0078. Or, si le *souffle* de la vapeur de la goutte d'ammoniaque trouvait un obstacle à son action impulsive dans la densité trop forte du liquide dans lequel 1 volume d'acide nitrique est uni à 31 volumes d'eau pure, densité qui est 1,0096, comment se fait-il que ce même *souffle* ne rencontre aucun obstacle à son action impulsive dans la densité considérablement plus forte du liquide, dans lequel 1 volume d'acide nitrique est uni à 37 volumes d'eau sucrée, densité qui est 1,079 ? Ce fait ne prouve-t-il pas, de la manière la plus évidente, que le prétendu *souffle* de la vapeur de la goutte d'ammoniaque n'existe pas ; que ce n'est point à cette cause, tout à fait inadmissible, qu'il faut attribuer la répulsion apparente qui a lieu par l'action à distance de cette goutte d'ammoniaque et de toutes les autres substances volatiles qui produisent la même répulsion apparente ?

425. « J'ai fait voir que les corps légers qui flottent à la surface de l'acide sulfurique concentré, ou étendu d'eau dans de certaines limites, éprouvent une attraction apparente par l'approche d'une goutte d'éther ou d'une goutte d'ammoniaque liquide ; qu'au contraire ils éprouvent une répulsion apparente lorsque l'acide est étendu d'une quantité l'eau déterminée, et qu'enfin il y a de certaines *densités moyennes* de cet acide auxquelles les corps qui flottent sur sa surface demeurent immobiles sous l'influence de l'action à distance d'une goutte d'éther ou d'ammoniaque. N'ayant jusqu'alors observé ces phénomènes que par l'emploi de l'éther ou de l'ammoniaque, qui sont l'un et l'autre des *bases*, cela pouvait permettre de penser qu'il y avait, dans ces phénomènes, quelque chose de relatif au rapport établi entre *l'acide* et la vapeur de la *base* volatile qui lui était présentée à distance. Les observations nouvelles que j'offre ici prouveront que les phénomènes dont il s'agit ont lieu de la même manière, en employant, au lieu d'éther ou d'ammoniaque, certaines autres substances très-volatiles qui ne sont point des *bases*.

426. « Par une température de + 27° C, j'ai présenté une

goutte d'huile essentielle de térébenthine près de la surface de l'acide sulfurique concentré, sur lequel flottait un peu de fleur de soufre. Ces poussières flottantes se portèrent vers la goutte d'huile essentielle. Ce phénomène fut encore plus marqué en employant une goutte d'huile essentielle de lavande. Je ferai observer que cette attraction apparente n'a lieu que dans le premier moment où la goutte d'huile essentielle est présentée près de la surface de l'acide sulfurique : si on enlève la goutte et qu'on la rapproche ensuite, on n'observe plus aucun mouvement. Ayant substitué à l'acide sulfurique concentré un mélange de deux volumes de cet acide avec un volume d'eau distillée, la fleur de soufre flottante s'éloigna par une répulsion apparente de la goutte d'huile essentielle de térébenthine ou de lavande. Je n'ai point déterminé la *densité moyenne* de l'acide à laquelle les corps légers flottants sur sa surface demeurent immobiles sous l'influence de l'action à distance d'une goutte d'huile essentielle de térébenthine ou de lavande. Cette dernière huile essentielle est plus volatile que la première, et son effet d'attraction apparente est aussi plus sensible. J'ai vu qu'à une température de + 20° cette attraction apparente devient presque insensible de la part de l'huile essentielle de térébenthine, et qu'elle est encore très-manifeste de la part de l'huile essentielle de lavande : ainsi ce phénomène est en rapport avec la rapidité de la vaporisation de l'huile essentielle.

427. « J'ai pensé que le camphre, qui est une huile essentielle concrétée, devait produire les mêmes phénomènes. Par une température de + 27° C. j'ai présenté un petit morceau de camphre près de la surface de l'acide sulfurique concentré, sur lequel flottait de la fleur de soufre : il n'y a eu aucun mouvement de produit. Je n'en ai point été sur-

pris, parce que la volatilisation du camphre n'est point, à beaucoup près, aussi rapide que l'est celle d'une huile essentielle qui a conservé sa liquidité. J'ai donc cherché à augmenter la rapidité de la volatilisation du camphre, et le moyen qui m'a paru le plus propre pour y parvenir, a été de l'enflammer; car alors il y a une partie de cette huile essentielle concrétée qui se volatilise très-rapidement, tandis que l'autre partie brûle. J'ai donc présenté un petit morceau de camphre enflammé, près de la surface de l'acide sulfurique concentré, sur lequel flottait de la fleur de soufre. Ces poussières flottantes se sont portées rapidement, par une attraction apparente, vers le camphre enflammé. Ayant employé, pour la même expérience, de l'acide sulfurique étendu d'un volume d'eau distillée égal au sien, les corps légers flottants sur sa surface furent vivement éloignés, par une répulsion apparente, du petit morceau de camphre enflammé. Il y a indubitablement entre ces deux densités de l'acide sulfurique, une *densité moyenne* à laquelle les corps légers flottants sur cet acide demeurent immobiles sous l'influence de l'action à distance du camphre enflammé. Je n'ai point déterminé le degré de cette *densité moyenne*. La température était à + 23° C. pendant ces dernières expériences faites avec le camphre enflammé.

428. « Je n'ai point observé d'attraction apparente, sur la surface de l'acide sulfurique concentré, par l'approche d'une goutte d'alcool, la température étant à + 27°; mais cette attraction est devenue très-sensible en présentant, près de la surface de cet acide, une grosse goutte d'alcool suspendue à une tige de verre, et enflammée.

429. « L'esprit de bois, ou le méthylène, est plus volatil que l'alcool; aussi, par la température de + 20 degrés, ai-je observé qu'une goutte de ce liquide, présentée près de la

surface de l'acide sulfurique concentré, y produisait l'attraction apparente des corps légers flottants à sa surface. Cette attraction apparente se changea en répulsion apparente lorsque l'acide fut étendu d'eau.

430. « On pourrait penser que la chaleur des corps en ignition joue un rôle dans les phénomènes exposés ci-dessus, mais je me suis assuré qu'il n'en est rien. J'ai présenté un charbon très-incandescent aussi près que possible de la surface de l'acide sulfurique concentré, sur lequel flottait de la fleur de soufre, il ne s'est manifesté aucun mouvement sur la surface de cet acide ; mais, au lieu d'un charbon incandescent, ayant présenté à l'acide sulfurique concentré un très-petit morceau de bois enflammé, la fleur de soufre flottante se porta vers ce corps enflammé par une attraction apparente. Ayant fait la même expérience en employant de l'acide sulfurique étendu de deux fois son volume d'eau, il y eut, au contraire, répulsion apparente, sur la surface de cet acide, par l'approche du petit morceau de bois enflammé.

431. « J'attribue la différence des résultats obtenus par l'emploi du charbon incandescent et par l'emploi du petit morceau de bois enflammé, à ce que, dans ce dernier cas, il y avait nécessairement production d'une vapeur de substance organique, vapeur qui n'existait pas dans la combustion du charbon. C'est à l'influence de cette vapeur qu'il faut attribuer les mouvements d'attraction et de répulsion apparentes qui se manifestent dans cette expérience. Les vapeurs produites par la combustion avec flamme ne sont pas cependant toutes propres à produire ces phénomènes. Ainsi, je ne les ai point observés en approchant de la surface de l'acide sulfurique une goutte enflammée de soufre fondu suspendue à une tige de verre.

432. Tel était le point où j'étais arrivé dans mes re-

cherches sur l'action épipolique des vapeurs lorsque je reçus, de la part de M. Doyère, la communication épistolaire que j'ai mentionnée plus haut (276) : il m'exprimait l'opinion où il était que l'échauffement ou le refroidissement de la surface des liquides, par l'influence des vapeurs, étaient les causes des mouvements épipoliques observés sur ces surfaces, mouvements qui sont tantôt *centrifuges*, ou dans la direction de la répulsion apparente, et tantôt *centripètes*, ou dans la direction de l'attraction apparente. Que la cause des mouvements de répulsion apparente se trouvât dans l'échauffement de la surface des liquides par les vapeurs, *c'est*, me disait M. Doyère, *ce qui se concevrait parfaitement bien* ; il était également porté à admettre que les mouvements d'attraction apparente seraient produits, sur la surface des liquides, par un refroidissement que peut opérer l'influence des vapeurs ; *quant à ceci*, ajoutait-il, *les vues auxquelles je me suis laissé aller se trouveraient, en quelque sorte, confirmées par ce fait que des corps très-hygrométriques, l'acide sulfurique et le chlorure de calcium, produisent, sur la surface nette de l'eau, des mouvements centripètes lorsqu'ils en sont très-près.* M. Doyère se proposait de chercher à confirmer ces vues par des expériences directes, expériences qui ne l'ont point éclairé sur cette matière, à ce qu'il m'a déclaré depuis. Dès lors il m'a été permis de publier les résultats des recherches que j'ai faites dans la même direction.

433. Dans la lettre que M. Doyère m'a adressée se trouvent des expériences très-curieuses sur divers phénomènes épipoliques que je ne connaissais pas. J'ai dû laisser à cet habile investigateur le soin d'en poursuivre l'étude et de les publier. Quant aux faits que j'avais publiés antérieurement, relativement aux mouvements d'attraction apparente

ou de répulsion apparente qui sont produits , sur la surface de certains liquides, par certaines vapeurs , il me restait à connaître leurs causes et à rechercher expérimentalement si, comme M. Doyère était porté à le penser, les mouvements d'attraction apparente étaient toujours produits par l'action échauffante des vapeurs, et si les mouvements de répulsion apparente étaient toujours produits par l'action refroidissante de ces mêmes vapeurs.

434. D'abord l'observation de l'attraction apparente qui est produite sur la surface de l'acide sulfurique concentré par l'approche du camphre, de l'alcool, ou du bois enflammés, semble ne pouvoir se concilier avec la théorie qui ferait dépendre ce phénomène épipolique d'un refroidissement local de la surface sur laquelle on l'observe. Cependant cela mérite d'être examiné. L'acide sulfurique concentré s'échauffe considérablement et très-rapidement à l'air en absorbant l'eau que ce dernier tient en dissolution; ainsi c'est sur une surface très-échauffée qu'agissent les vapeurs développées par la combustion du camphre, de l'alcool et du bois. Ne se pourrait-il pas que ces vapeurs, en remplaçant l'air à la surface de l'acide sulfurique occasionnassent le froid local et relatif de cette surface en l'empêchant de continuer à absorber l'eau tenue en dissolution dans l'air. Ce raisonnement, qui d'abord peut paraître spécieux, tombe de lui-même quand on vient à faire cette réflexion que la combustion de l'alcool produit de l'eau en vapeur dont l'adjonction à l'acide sulfurique contribuerait à l'échauffer davantage; il faut donc bannir ici toute idée de refroidissement produit par les vapeurs, d'ailleurs, très-échauffées, qui, dans ces expériences, sont en contact avec la surface de l'acide sulfurique. La surface de cet acide est donc certainement échauffée par ces vapeurs là où elles

agissent sur elle, et de cet échauffement local naît un courant épipolique incontestablement *caloripète*, et agent du mouvement d'attraction apparente. Cet échauffement local paraît être moins le résultat de la chaleur propre des vapeurs produites par le corps en ignition, que le résultat de leur action chimique et spéciale sur l'acide. C'est ce qui paraît résulter de cette observation, que le soufre enflammé approché de la surface de l'acide sulfurique concentré n'y produit point de courant épipolique comme le font des corps enflammés qui émettent des vapeurs différentes. Bien plus, l'expérience m'a prouvé qu'en approchant de la surface de l'acide sulfurique concentré un corps très-chaud qui n'émet aucune vapeur, tel qu'un fer rouge, on produit un courant épipolique calorifuge sur la surface de cet acide ; un charbon incandescent ne produit point le même effet, ce qui provient peut-être de ce que sa chaleur est moins forte que celle du fer rouge. Le phosphore enflammé, qui développe une chaleur très-intense, produit, comme le fer rouge, un courant épipolique calorifuge sur la surface de l'acide sulfurique concentré.

435. Les expériences exposées plus haut (315 à 325) touchant la cause des mouvements de translation des gouttes de divers liquides suspendues latéralement à un fil métallique horizontal dont un bout est échauffé, m'ont prouvé que, sous l'influence de la chaleur, il s'établit, dans l'intérieur de ces gouttes, et sur la surface du fil métallique, des courants que je regarde comme *épipoliques* et qui sont dirigés tantôt vers la source de la chaleur, tantôt dans le sens opposé, en sorte que, dans le premier cas, ils sont *caloripètes*, et qu'ils sont *calorifuges* dans le second cas. En admettant ce fait, qui me paraît prouvé, qu'il existe des courants épipoliques *caloripètes*, il en résulte que les courants

épipoliques observés, dans une foule de circonstances', sur la surface des liquides, et notamment, dans le cas présent, par l'action de certaines vapeurs, peuvent être des courants épipoliques *caloripètes*. Cela admis, il deviendra souvent très-difficile de décider si le courant épipolique observé est produit par un échauffement ou par un refroidissement de la surface sur laquelle existe ce courant. Ainsi, par exemple, qu'une vapeur déterminée produise un mouvement d'attraction apparente sur la surface d'un liquide déterminé, ce mouvement peut être le résultat ou d'un refroidissement local ou d'un échauffement local opéré par la vapeur sur la surface du liquide. Le refroidissement local de cette surface produirait l'attraction apparente en donnant lieu à l'établissement d'un courant épipolique *calorifuge*, lequel marcherait, en convergeant de tous les points de la surface qui auraient conservé leur chaleur naturelle, vers le point de cette même surface qui serait refroidi; l'échauffement local de cette surface produirait l'attraction apparente en donnant lieu à l'établissement d'un courant épipolique *caloripète*, lequel marcherait de même en convergeant de tous les points de la surface qui auraient conservé leur chaleur naturelle vers le point de cette même surface qui serait échauffé. Il s'agirait donc d'abord de déterminer si la vapeur dont il s'agit refroidit ou échauffe la surface du liquide soumise à son action. Or, cette détermination est fort difficile, et voici pourquoi.

436. Les vapeurs formées sous l'influence de la température naturelle de l'air sont toujours plus froides que l'air dans lequel elles s'émettent. Je me suis assuré de ce fait en plaçant une des soudures de mon appareil thermo-électrique (fig. 51) au-dessus de l'ouverture d'un flacon contenant un liquide très-volatil quelconque, tandis que l'autre soudure

était placée soit à l'air libre, soit dans de l'huile à la température de l'air ambiant. Le liquide volatil n'occupait que le fond du flacon, afin qu'éloignée de ce liquide, la soudure ne pût pas recevoir, par l'effet du voisinage, le refroidissement que ce même liquide avait dû nécessairement subir par le fait de son évaporation. C'est donc au contact de la seule vapeur que la soudure doit le refroidissement qu'elle manifeste dans cette circonstance. Ce refroidissement, au reste, est le résultat naturel de l'absorption de chaleur qui est opérée par la volatilisation du liquide. Ce dernier et sa vapeur ont nécessairement une température inférieure à celle de l'air ambiant. Il résulte de là que lorsqu'on approche de la surface d'un liquide une goutte d'un autre liquide très-volatil, cette surface peut être refroidie localement tant par le contact de la vapeur qui peut être plus froide que cette surface, que par le voisinage de cette goutte que l'évaporation a refroidie.

437. Si la soudure est refroidie par les vapeurs lorsqu'elle est *sèche*, il n'en est pas de même lorsque cette soudure est mouillée par un liquide sur lequel la vapeur exerce une action chimique ou avec lequel la vapeur peut se combiner; alors la soudure s'échauffe. La chaleur développée, dans cette circonstance, est le résultat de l'action chimique ou de l'action de dissolution.

438. On conçoit, d'après ces deux modes d'action inverses des vapeurs sur la température des corps qu'elles touchent, que ces corps seront échauffés ou refroidis par elles, suivant les circonstances qui feront prédominer ou leur action échauffante ou leur action refroidissante. Je vais en donner deux exemples.

439. J'ai suspendu à chacune des deux soudures a et b de mon appareil thermo-électrique (fig. 51) une petite

goutte d'huile d'olive. Ayant approché de l'une de ces gouttes d'huile une goutte d'éther suspendue à une tige de verre, la goutte d'huile fut refroidie, ce qui fut indiqué par le sens de la déviation de l'aiguille aimantée. Ayant laissé l'équilibre se rétablir, je plaçai, sous la même goutte d'huile, l'ouverture d'un flacon qui contenait de l'éther, et cela seulement dans son fond, afin que le refroidissement qu'éprouvait ce liquide par le fait de son évaporation ne pût, en raison de l'éloignement, se communiquer à la goutte d'huile. Cette dernière fut échauffée, par la vapeur de l'éther, d'environ 1/5 de degré, ce qui fut indiqué par une déviation de trois degrés de l'aiguille aimantée du galvano-mètre. La température était alors à + 20° C. J'ai fait des expériences analogues en remplaçant l'éther par l'ammoniaque. J'ai préféré une huile fixe à tout autre liquide pour faire ces expériences, parce que leurs résultats ne se trouvent point compliqués, dans ce cas, par le refroidissement que produirait l'évaporation en employant tout autre liquide.

440. D'après ces faits, on voit que souvent il est difficile de savoir si le corps qui agit, par sa vapeur, sur la surface d'un liquide où il produit des courants épipoliques, échauffe cette surface ou la refroidit. A cette première difficulté s'en joint une autre lorsqu'on étudie les courants épipoliques produits par les vapeurs sur la surface de l'acide sulfurique. Cet acide, exposé à l'air, absorbe rapidement l'eau qui y est tenue en dissolution, et par le fait de cette absorption d'eau, il s'échauffe beaucoup, surtout à sa surface. Cet échauffe-ment de la surface de l'acide sulfurique sera d'autant plus grand que l'air lui livrera plus d'eau à absorber. Moins cet acide est concentré, moins il attire l'eau hygrométrique de l'air, moins, par conséquent, il s'échauffe ; lorsqu'il possède

un certain degré de dilution, il cesse de s'échauffer par l'absorption de l'eau, et alors il se refroidit par le fait de l'évaporation de l'eau qu'il contient. J'ai suspendu successivement des gouttes d'acide sulfurique ayant divers degrés de dilution, à l'une des soudures de mon appareil thermoélectrique (fig. 51), soudure enveloppée d'un fourreau de verre mince; j'ai trouvé que c'est à la densité 1,321 que cet acide cesse de s'échauffer à l'air; alors il y a une compensation exacte entre l'échauffement produit par l'absorption de l'eau et le refroidissement produit par l'évaporation. A des densités plus faibles l'acide sulfurique se refroidit à l'air en raison de l'évaporation de l'eau qu'il contient. J'ai fait ces expériences par une température de + 12° C.

441. Cette complication d'effets calorifiques, l'incertitude de leur détermination, rendent très-difficile l'appréciation des causes auxquelles sont dus les courants épipoliques, et cela spécialement sur la surface de l'acide sulfurique lorsqu'il est assez concentré pour s'échauffer spontanément à l'air. On ne sait pas alors si la vapeur de l'éther échauffe ou refroidit sa surface; on ne sait pas, par conséquent, si le courant épipolique est *caloripète* ou *calorifuge*. Lorsque cet acide est assez étendu d'eau pour que la vapeur de l'éther ou de l'ammoniaque y produise la répulsion apparente, il est indubitable qu'alors ces vapeurs agissent comme elles le feraient sur l'eau pure, c'est-à-dire qu'elles échauffent localement la surface du liquide, ce qui produit un courant épipolique calorifuge.

442. La vapeur de l'éther ne produit pas toujours le mouvement d'attraction apparente sur la surface de l'acide sulfurique concentré; très-souvent elle y produit, au contraire, un mouvement de répulsion apparente, ainsi que me l'a annoncé **M. Doyère**, et ainsi que je l'ai expérimenté. J'ai

lieu de penser que cette différence dans l'action de la vapeur de l'éther, sur la surface de l'acide sulfurique concentré, tient à l'état hygrométrique de l'air ambiant. En effet, suivant que l'air livre beaucoup d'eau à l'acide sulfurique, ou suivant qu'il lui en livre peu, il doit y avoir plus ou moins de dilution de cet acide à sa surface. Cette dilution superficielle peut même devenir très-considérable, l'acide dilué par l'absorption de l'eau demeurant à la surface en raison de sa moindre pesanteur spécifique. Alors la vapeur de l'éther agira sur cet acide étendu d'eau, comme elle agit sur l'eau pure ; c'est-à-dire en produisant un courant épipolique calorifuge sur sa surface. Mes expériences rapportées ci-dessus (407) ont été faites dans les jours les plus chauds, et pendant l'excessive sécheresse de l'été de l'année 1842. Il me paraît probable que c'est à cela que je dois d'avoir observé constamment alors l'attraction apparente produite par la vapeur de l'éther sur la surface de l'acide sulfurique concentré ou peu étendu d'eau.

443. On a vu plus haut (412) que la vapeur de l'ammoniaque produit un mouvement d'attraction apparente sur la surface des solutions d'acide tartrique, tant que ces solutions possèdent plus de cinq pour cent de leur poids de cet acide. A une densité plus faible, les solutions de cet acide offrent, sur leur surface, et sous l'influence de la vapeur de l'ammoniaque, le mouvement de répulsion apparente, comme cela aurait lieu sur la surface de l'eau pure. Il n'est pas douteux que, dans ce dernier cas, le mouvement de répulsion apparente ne soit dû à un courant épipolique calorifuge ; la solution d'acide tartrique est échauffée par la vapeur de l'ammoniaque, qui se combine avec elle. Je me suis assuré de cet échauffement avec mon appareil thermo-électrique, quoique cela ne fût pas bien nécessaire, puis-

qu'il est connu que toute combinaison d'un alcali avec un acide développe de la chaleur. Or, j'ai également expérimenté que les fortes solutions d'acide tartrique sont plus échauffées que les faibles solutions du même acide par la même vapeur ammoniacale. Ces observations me paraissent propres à jeter du jour sur la nature des courants épipoliques qui sont produits par cette vapeur sur la surface de l'acide tartrique en solution plus ou moins concentrée. L'action refroidissante de cette vapeur est ici supprimée, puisque toutes les solutions d'acide tartrique sont échauffées par elle ; l'action refroidissante que la goutte d'ammoniaque, refroidie par l'évaporation, peut exercer, à la même distance et par le fait de son voisinage, sur la surface des solutions fortes ou faibles de cet acide est évidemment la même ; l'action échauffante de la vapeur de la goutte d'ammoniaque est plus grande sur les fortes que sur les faibles solutions de ce même acide. Sur les solutions faibles, l'action échauffante de cette vapeur l'emporte assez sur son action refroidissante pour y produire un courant épipolique calorifuge, ou un mouvement de répulsion apparente. Sur les solutions fortes, l'action échauffante de la même vapeur l'emporte davantage encore sur son action refroidissante; elle produit donc un échauffement local plus considérable sur la surface de la solution acide. Or, c'est ici un mouvement d'attraction apparente que l'on observe : ce mouvement, dirigé vers le point très-certainement échauffé de la surface du liquide acide, est donc produit par un courant épipolique *caloripète*. L'analogie semble indiquer que c'est de même à la production d'un courant épipolique *caloripète* sur la surface de l'acide sulfurique concentré, ou voisin de la concentration, qu'est dû le mouvement d'attraction apparente qui se manifeste sur la surface de cet acide sous l'influence de la vapeur de l'éther ou de l'ammoniaque.

444. Il arrive quelquefois que les courants épipoliques produits par l'action d'une vapeur sur la surface d'un liquide ne se manifestent que dans le premier moment de l'action de cette vapeur, laquelle ne produit plus ensuite aucun mouvement sur la surface du même liquide. C'est, par exemple, ce que l'on voit dans l'expérience suivante.

445. Par une température de $+ 20°$ C., j'ai présenté une goutte d'ammoniaque au-dessus de la surface d'une solution d'une partie de gomme arabique dans huit parties d'eau distillée. Il y eut attraction apparente des corps légers qui flottaient sur la surface de cette solution. La goutte d'ammoniaque étant retirée et présentée ensuite de nouveau, il n'y eut plus aucun mouvement de produit sur la surface de cette eau gommée. Je pris de nouvelle eau gommée, et la goutte d'ammoniaque y produisit encore, mais seulement dans le premier moment, le mouvement d'attraction apparente. Ayant déposé la goutte d'ammoniaque sur la surface de cette eau gommée, elle y produisit le mouvement de répulsion apparente sur les corps légers qui flottaient à la surface de ce liquide. Lorsque j'ai employé pour ces expériences une solution d'une partie de gomme arabique dans douze parties d'eau distillée, l'attraction apparente opérée par la vapeur de la goutte d'ammoniaque a été extrêmement faible ; enfin lorsque j'ai employé une solution d'une partie de gomme arabique dans seize parties d'eau, la vapeur de la goutte d'ammoniaque a produit la répulsion apparente, comme elle la produit sur l'eau pure. J'ai fait ces expériences par une température de $+ 19$ degrés C.

446. Une goutte d'éther, présentée au-dessus de la surface d'une solution d'une partie de gomme arabique dans huit parties d'eau, y produit le mouvement de répulsion apparente. Le contact immédiat de cette goutte avec la surface de cette eau gommée y produit le mouvement d'attraction apparente.

447. J'ai suspendu une goutte de chacune des solutions de gomme arabique mentionnées ci-dessus à l'une des soudures de mon appareil thermo-électrique (fig. 51), et j'ai présenté au-dessous l'ouverture d'un flacon contenant ou de l'ammoniaque ou de l'éther ; j'ai toujours observé que, dans ces expériences, les gouttes d'eau gommée perdaient une partie du refroidissement qu'elles avaient acquis par le fait de leur évaporation ; ainsi elles acquéraient constamment de la chaleur par le contact de la vapeur de l'ammoniaque et de l'éther. Cependant la vapeur de l'ammoniaque produit un mouvement d'attraction apparente sur la surface des solutions de gomme arabique dans lesquelles la gomme a sur l'eau une prédomination déterminée. On doit donc reconnaître que ce mouvement d'attraction apparente est dû à l'action d'un courant épipolique *caloripète*. Lorsque, au contraire, c'est l'eau qui possède une prédomination déterminée sur la gomme, le mouvement de répulsion apparente produit par la vapeur de la goutte d'ammoniaque sur la surface de cette solution est dû à l'action d'un courant épipolique *calorifuge*.

448. Je fixe ici un moment l'attention sur ce fait, qui se trouve établi par plusieurs de mes expériences, que, dans certains cas, le courant épipolique produit sur la surface d'un liquide par la vapeur d'un corps offre une direction inverse de celle qu'affecte le courant épipolique produit par le contact immédiat de ce même corps avec ce même liquide. Ainsi, par exemple, l'ammoniaque en vapeur produisant un courant épipolique caloripète sur la surface d'une solution d'acide tartrique, dans laquelle l'acide prédomine sur l'eau, l'ammoniaque liquide déposée sur la surface de cette même

solution y produira un courant épipolique calorifuge. En outre, l'ammoniaque en vapeur produisant un courant épipolique calorifuge sur la surface d'une solution d'acide tartrique dans laquelle l'eau prédomine sur l'acide, l'ammoniaque liquide déposée sur la surface de cette même solution y produira un courant épipolique caloripète (418). Les mêmes phénomènes s'observent dans les rapports épipoliques de l'acide sulfurique avec l'éther. On a vu, en effet, plus haut (415 à 417) que les courants épipoliques produits sur la surface de l'acide sulfurique par la vapeur d'une goutte d'éther ont été constamment inverses de ceux qui étaient produits sur ce même acide par le contact immédiat de cette goutte. On vient de voir (445) que la vapeur d'une goutte d'ammoniaque produit, sur l'eau gommée, un courant épipolique inverse de celui qui est produit, sur cette même eau gommée, par le contact immédiat de cette goutte ; on vient de voir enfin (446) que, sur cette même eau gommée, la vapeur d'une goutte d'éther et son contact immédiat produisent aussi des courants épipoliques inverses. La théorie de ces phénomènes me paraît impossible à établir, dans l'état actuel de nos connaissances.

449. Lorsque je dis que, dans l'association de deux substances à l'état liquide, il y a *prédomination* de l'une ou de l'autre de ces deux substances, j'emploie une expression qui ne doit point être prise dans un sens absolu ; elle n'indique point qu'il y aurait, en poids, dans le mélange, plus de l'une des substances que de l'autre ; elle signifie seulement que dans les rapports de chacune de ces substances avec une vapeur déterminée, rapports différents desquels résultent les deux directions inverses du courant épipolique, il y a prédomination des rapports de l'une ou de l'autre de ces substances avec la vapeur indiquée. Le degré de cette prédomination, dans un sens ou dans l'autre, change en

changeant la vapeur à l'action de laquelle le mélange est soumis.

450. J'ai fait un grand nombre d'autres expériences sur l'action épipolique exercée par diverses vapeurs sur la surface de beaucoup de liquides. Partout j'ai observé exclusivement le mouvement de répulsion apparente, et j'ai expérimenté subséquemment que, dans tous ces cas, le liquide recevait de l'échauffement par l'action de la vapeur à laquelle il était soumis; je me suis assuré de cette action échauffante au moyen de mon appareil thermo-électrique. J'ai fait ces expériences en suspendant une très-petite goutte du liquide soumis à l'observation à l'une des soudures de mon appareil thermo-électrique (fig. 51), et en présentant au-dessous de cette goutte, l'ouverture d'un flacon contenant la substance dont la vapeur devait agir sur la goutte de liquide. Cette substance, avant que le flacon fut débouché, était à la température de l'air ambiant, et je ne touchais point ce flacon avec les doigts, dans la crainte de l'échauffer. L'autre soudure était plongée dans un bain d'huile de même température que celle de l'air ambiant. Je m'abstiens de citer toutes les expériences que j'ai faites dans ce sens; je me borne à l'exposition de celles qui suivent. Ces expériences ont été faites par des températures de + 20 à + 25 degrés C. Comme les substances avec lesquelles elles ont été faites ne pouvaient agir chimiquement sur les métaux avec assez de rapidité et de force pour développer une chaleur appréciable, je me suis abstenu d'envelopper les soudures de mon appareil thermo-électrique avec les fourreaux de verre dont j'ai fait usage plus haut, dans d'autres expériences. Les soudures, étant ainsi à nu, étaient plus sensibles aux légères variations de température. Voici les résultats que j'ai obtenus.

451. L'eau est échauffée par la vapeur de l'éther, par

celle de l'alcool, par celle du méthylène, par celle de l'huile essentielle de térébenthine, par celle du camphre, par celle de l'ammoniaque : il doit être entendu que l'*échauffement* dont il est ici question consiste simplement dans une *diminution du refroidissement* que l'eau avait éprouvé par le fait de son évaporation.

452. Les huiles fixes d'olive et de pavot sont échauffées par la vapeur de l'éther, par celle du méthylène, par celle de l'ammoniaque, par celle de l'huile essentielle de térébenthine, par celle du camphre.

453. L'échauffement de la surface de l'eau par la vapeur de tous les liquides combustibles, par celle du camphre, et par celle de l'ammoniaque, rend raison de la répulsion apparente qu'exercent toutes ces vapeurs sur la surface de l'eau. Il est évident qu'elles y produisent un courant épipolique calorifuge, résultat de l'échauffement local de la surface de l'eau.

454. Le mouvement du camphre sur l'eau est un effet de réaction produit par les courants épipoliques calorifuges qui naissent auprès du petit fragment de cette substance volatile, spécialement auprès des pointes ou des parties anguleuses qu'elle possède. Ces courants épipoliques calorifuges sont au nombre de deux, et sont situés de chaque côté de la parcelle de camphre, lorsque celle-ci a (fig. 62), est placée fixement au bord de l'eau ; les deux courants épipoliques calorifuges et latéraux a, c, b ; a, d, b, se réfléchissent à une certaine distance pour former le *courant de retour* b, a, lequel est unique, médian, et situé dans l'axe épipolique. On juge facilement que les deux courants épipoliques latéraux sont les courants *primitifs*, à la répulsion apparente vive et brusque qui leur donne naissance par saccades auprès de la parcelle de camphre a. C'est effective-

ment là le caractère des courants épipoliques calorifuges sur la surface de l'eau, ainsi que je l'ai exposé plus haut (285). J'ai fait voir que cette direction du courant épipolique à double tourbillon est celle qui s'observe généralement sur les liquides aqueux, lorsque c'est à une chaleur locale que ce courant doit naissance. C'est ce que l'on voit dans la figure 41. Tout concourt donc pour prouver que les courants épipoliques, produits sur l'eau par une parcelle de camphre placée sur la surface de ce liquide, doivent naissance à la chaleur locale développée sur cette surface par la vapeur de la parcelle de camphre, et probablement aussi par son contact immédiat.

455. Si le camphre s'évapore trente à quarante fois plus vite lorsqu'il est placé à la surface de l'eau, que lorsqu'il est placé simplement à l'air, ainsi que l'a expérimenté B. Prévost ; si des colonnes de camphre, en partie plongées dans l'eau, se coupent près de la surface de ce liquide, ainsi que l'a expérimenté Venturi, cela provient évidemment de ce que le camphre échauffant la surface de l'eau autour de lui, il en résulte, pour lui-même, une plus grande et plus prompte volatilisation.

456. La vapeur du camphre échauffe indubitablement la surface du mercure, comme elle échauffe la surface de l'eau, puisqu'elle y produit de même des courants épipoliques ; il ne m'a pas été possible de m'en assurer par l'expérience directe ; mais ce fait ressort des considérations et des expériences suivantes. J'ai fait voir plus haut (291) que la chaleur appliquée localement au bord de la surface du mercure, y donne naissance à un courant épipolique à double tourbillon, tel qu'il est représenté dans la figure 42. Là, le courant *primitif* fuit le point échauffé c, en se dirigeant dans l'axe épipolique i, o ; ce courant *primitif* se divise en deux

branches pour donner naissance aux deux *courants de retour o, m, i; o, n, i.* Cette direction du courant épipolique est celle qui appartient toujours aux courants de ce genre, lorsqu'ils sont produits sur des liquides pourvus de l'*épipolicité huileuse*, par la chaleur appliquée en un point du bord de leur surface. J'ai conclu de là que le mercure possédait l'*épipolicité huileuse*. Or, j'ai expérimenté qu'une parcelle de camphre, placée fixement au bord de la surface du mercure pourvu de toute son épipolicité, y donne naissance à un courant épipolique à double tourbillon, tel qu'il est représenté dans la figure 63 ; il faut, pour le bien voir, qu'il y ait sur le mercure un peu de fleur de soufre. Ce courant épipolique est semblable à celui qui est représenté dans la figure 42, et qui doit naissance à la chaleur appliquée au point *c* du bord de la surface du mercure. Ici la similitude des effets atteste la similitude de la cause à laquelle ils sont dus. Il est indubitable que la parcelle de camphre *a* (fig. 63) échauffe la surface du mercure là où elle est placée, et que c'est cet échauffement local qui donne naissance au courant épipolique à double tourbillon qui est observé dans cette circonstance. Ce courant est calorifuge dans l'axe épipolique *a b;* il se divise au point *b*, en deux *courants de retour b, c, a; b, d, a.* La direction de ce courant épipolique à double tourbillon est inverse de celle qui est produite par une parcelle de camphre placée au bord de la surface de l'eau (fig. 62).

457. La surface des huiles fixes est échauffée par la vapeur du camphre ; cette vapeur doit donc produire des courants épipoliques sur la surface de ces huiles. Cela semblerait, au premier coup d'œil, ne pas devoir être, puisque la plus petite quantité d'huile étendue sur la surface de l'eau ou du mercure y apporte obstacle à l'établissement des cou-

rants épipoliques sous l'influence de la vapeur du camphre. Or, le phénomène, qui paraît ici être impossible, existe cependant, et son observation est même la plus ancienne de toutes celles qui ont été faites relativement aux mouvements produits sur la surface des liquides par la vapeur du camphre. Cette observation, en effet, remonte à l'année 1684 ; elle est, par conséquent, antérieure de 64 ans aux expériences de Romieu (4) relatives aux mouvements du camphre sur l'eau. Cette observation a été faite par Heide, médecin hollandais, et se trouve consignée dans une centurie d'observations médicales imprimée à la suite d'une anatomie de la moule [1]. Voici, en substance, ce qui se trouve consigné dans l'observation 57. Une parcelle de camphre, placée sur une goutte d'huile d'olive, chasse de son contour de petits corps qui parcourent la surface de la goutte et reviennent vers le camphre qui ensuite les repousse. Ce mouvement subsiste jusqu'à ce que toute la parcelle de camphre soit dissoute. L'œil doit être armé d'une loupe. J'ai répété cette expérience de Heide et je me suis assuré de la réalité des faits qu'il a annoncés. J'ai fait ensuite l'expérience d'une autre manière. Je mets de l'huile d'olive bien fluide dans un verre de montre très-aplati et au bord de cette huile je place une parcelle de camphre, laquelle est soutenue à la surface de l'huile par le fond du vase ; sans cela elle serait submergée. Cet appareil est soumis au microscope. On voit alors, sur la surface de l'huile, et autour de la parcelle de camphre, un mouvement de répulsion apparente. Les petits corps étrangers, que cette huile peut tenir en suspension, fuient, dans une aire demi-circulaire, la parcelle de camphre en suivant la surface de l'huile, et ils reviennent vers

---

1. *Anotome mytuli et centuria observationum medicarum*, autore Antonio de Heide. M. D. Amstelodami, 1684.

elle par l'intérieur de ce liquide. On voit souvent alors la parcelle de camphre s'agiter par saccades, en sorte qu'il est certain que si elle pouvait flotter sur l'huile comme elle flotte sur l'eau, elle y offrirait les mêmes mouvements, mais seulement bien plus lents.

458. Toutes les vapeurs, que j'ai notées comme échauffant les huiles fixes, produisent également, sur leur surface, des courants épipoliques calorifuges.

CHAPITRE VIII.

De l'extension spontanée des liquides sur la surface des solides polis ou sur la surface d'autres liquides.

459. Dans le second chapitre de la première partie de cet ouvrage, j'ai exposé avec détail les phénomènes sur lesquels je reviens ici, et dont je vais chercher à déterminer les véritables causes. Je dois ici rappeler sommairement ces phénomènes.

460. Une goutte d'huile fixe ou essentielle est déposée sur la surface de l'eau, et à l'instant elle s'y étend en couche excessivement mince. Une goutte d'éther ou d'alcool, ou d'huile essentielle, etc., est déposée sur la surface d'une lame de verre ou sur la surface d'un métal poli; elle s'y étend en couche mince [1] dans une aire circulaire dont la circonférence offre un renflement ou un orle épais formé par l'accumulation du liquide, lequel est ainsi très-évidemment chassé du centre vers la circonférence par une force qui agit dans cette direction et qui rencontre un obstacle à son action dans le frottement que ce liquide exerce sur la surface du solide qu'il envahit.

461. On observe des phénomènes parfaitement semblables au précédent, en déposant une goutte d'un liquide com-

---

1. C'est par erreur que j'ai dit (36) que l'éther n'offre point d'extension épipolique sur la surface de l'argent poli.

bustible sur la surface d'une mince couche d'eau qui enduit une lame de verre. Ces mêmes phénomènes s'observent encore en déposant une goutte de certains autres liquides sur la surface de certains liquides déterminés, étendus de même en couche mince sur une lame de verre. Je renvoie, à cet égard, aux tableaux (58, 64, 75) qui se trouvent dans la première partie de cet ouvrage.

462. Tous ces phénomènes d'extension spontanée des liquides sur des solides ou des liquides sur d'autres liquides ont été considérés, par les physiciens, comme les résultats de l'attraction capillaire exercée sur la goutte du liquide par la surface solide ou liquide sur laquelle cette goutte a été déposée. Moi-même, dans la première partie de cet ouvrage (24), j'ai incliné à considérer la force épipolique, à laquelle j'attribue tous les phénomènes dont il est ici question, comme une modification particulière de la force capillaire ; toutefois la manière dont je me suis exprimé prouve bien que je conservais quelques doutes sur l'identité de ces deux forces, puisque je déclarais dès lors que je reconnaissais que *la distinction de la force capillaire et de la force épipolique devra toujours subsister*. Aujourd'hui je suis à même de prouver ce que je n'ai alors avancé qu'avec un peu d'hésitation.

463. Je vais comparer le phénomène de l'extension spontanée de deux liquides huileux différents sur la surface du verre, avec celui de l'ascension capillaire de chacun de ces deux liquides dans un tube de verre, et l'on va voir la différence essentielle qui existe entre ces deux phénomènes, différence qui prouvera celle de leurs causes.

464. Ayant cassé en deux un tube de verre dont la cavité tubuleuse avait 3/10 de millimètre de diamètre, j'ai plongé verticalement la partie inférieure de chacun de ces tubes,

parfaitement semblables, l'un dans l'huile essentielle de térébenthine, l'autre dans de l'huile de graine de pavot, huile
fixe que j'ai choisie, de préférence à l'huile d'olive, parce
qu'elle est toujours semblable à elle-même, ce qui n'a point
lieu pour l'huile d'olive. La température était alors à + 20° C.
L'huile essentielle de térébenthine s'éleva dans le tube à
une hauteur de 41 millimètres ; l'huile de graine de pavot
s'éleva à 39 millimètres : ainsi l'ascension capillaire de ces
deux huiles fut très-peu différente. Alors, prenant un fil de
fer d'un demi-millimètre de diamètre, j'ai suspendu à son
extrémité une goutte d'huile de graine de pavot, aussi grosse
que ce fil pouvait la supporter ; cette goutte, qui avait environ un millimètre et demi de diamètre, fut déposée dou-
cement sur une lame de verre sèche et antécédemment bien
dépouillée de tout enduit étranger, par l'action de l'acide
sulfurique. Cette goutte d'huile fixe se déprima sur la surface du verre, tant par l'effet de sa pesanteur que par l'effet
de la force capillaire qui tendait à l'élargir par un mouvement de progression de son bord circulaire. Cette extension, opérée par cette double cause, ne dépassa pas trois
millimètres. La goutte d'huile fixe, épaisse dans son milieu, et s'amincissant vers son bord circulaire, représentait
ainsi l'une des faces d'une lentille. J'enlevai ensuite, avec
un fil de fer semblable, une goutte d'huile essentielle de
térébenthine, goutte qui avait de même un millimètre et
demi de diamètre, et je la déposai sur la même lame de
verre. A l'instant de ce dépôt, la petite goutte d'huile essentielle se projeta circulairement sur la surface du verre par
un mouvement centrifuge et en formant une aire circulaire
dont le centre devint presque à sec et dont la circonférence
était gonflée en orle épais par l'accumulation de l'huile. Cet
orle se divisa bientôt en globules séparés qu'animait un

mouvement lent. L'aire circulaire avait atteint un diamètre de dix millimètres lorsqu'elle cessa de s'accroître, en raison de la viscosité de l'huile, viscosité produite par l'évaporation de sa partie la plus volatile. Ainsi, voilà deux huiles, l'une fixe et l'autre volatile, dont l'ascension capillaire dans un tube de verre est à peu près semblable, et dont l'extension sur une lame de verre est extrêmement différente; car, pour la goutte d'huile fixe, cette extension n'atteint en diamètre que le double du diamètre primitif de la goutte, et cette extension doit être rapportée presque entièrement à son aplatissement par l'effet de la pesanteur; tandis que, pour la goutte d'huile essentielle, l'extension sur la lame de verre atteint un diamètre qui est, au diamètre primitif de cette goutte, dans le rapport de 3 à 20. L'aire envahie par la goutte d'huile fixe est à l'aire envahie par la goutte d'huile volatile dans le rapport de 9 à 100. En outre, on observe que la goutte d'huile fixe conserve, sur la lame de verre, une forme bombée, tandis que la goutte d'huile essentielle, en s'étendant, prend la forme d'un ménisque concave. Il est donc certain que, dans cette circonstance, la goutte d'huile essentielle, en opérant son extension, obéit à une force qui n'agit point du tout sur la goutte d'huile fixe, force qui n'est point ainsi la force capillaire, comme les physiciens l'admettent. N'ai-je pas, en effet, déjà fait voir ailleurs (35) que la surface du verre, bien loin d'attirer la substance du liquide qui s'étend sur elle, s'oppose, au contraire, à sa progression, ce qui fait que ce liquide se gonfle en orle épais au pourtour de l'aire circulaire qu'il envahit.

465. On sait que l'élévation de la température diminue l'ascension capillaire des liquides dans les tubes de verre, et que plus la température est abaissée, de manière cependant à ne point nuire à la liquidité, plus les liquides s'élèvent

dans les tubes capillaires. Or, l'expérience apprend que la température agit d'une manière exactement inverse sur le degré de la force qui opère l'extension des liquides sur une lame de verre. Ainsi, lorsque la température est à + 15 degrés C., ou au-dessus, une goutte d'alcool ou de méthylène, déposée sur la surface d'une lame de verre, s'y étend rapidement en couche mince, toujours bordée, à sa circonférence, par un orle renflé. Lorsque la température est abaissée à + 10 degrés, ou au-dessous, la goutte d'alcool ou de méthylène ne tend plus du tout à s'étendre sur la surface du verre ; elle y conserve sa forme hémisphérique. Ainsi, lorsque la force capillaire, dans les tubes de verre, est portée au maximum par l'abaissement de la température, la force qui opère l'extension des liquides sur la surface plane du verre, ou la force épipolique, est au minimum ; et réciproquement, lorsque l'élévation de la température produit la diminution de la force capillaire, elle augmente la force épipolique.

466. Un dernier fait achèvera de prouver la différence qui existe entre la force capillaire et la force épipolique. L'eau ne s'étend point épipoliquement sur la surface du verre lorsque cette surface n'est plus *neuve*, ainsi que je l'ai dit dans la première partie de cet ouvrage (26 à 30) ; l'alcool s'y étend loin et sans difficulté. Or, l'eau est, de tous les liquides, celui qui s'élève le plus rapidement et le plus haut dans les tubes de verre, ou entre deux lames de verre très-rapprochées, dont les surfaces, cependant, ne sont plus *neuves* ; l'alcool s'y élève beaucoup moins.

467. Il résulte évidemment de tous ces faits que la force capillaire et la force épipolique sont deux forces distinctes, et que ce n'est point à la force capillaire que l'on doit attribuer l'extension spontanée des liquides sur les surfaces

planes des solides polis, non plus que sur les surfaces d'autres liquides. Cette extension est due exclusivement à la force épipolique. Il reste à déterminer quelles sont ici les causes du développement de cette force.

468. Les recherches de M. Pouillet [1] ont appris qu'au contact des liquides et des solides, il y a constamment un léger développement de chaleur. Ce phénomène, pour être mis en évidence, doit être étudié en employant des solides qui ne puissent être ni altérés dans leur constitution ni modifiés dans leurs propriétés par l'action du liquide qui doit les mouiller, et de plus le solide doit être parfaitement sec ; en outre, comme le développement de chaleur qui a lieu au moment où un liquide mouille un solide est extrêmement faible, il faut, pour la rendre sensible au thermomètre, multiplier la surface du solide qui doit être mouillé, sans multiplier dans la même proportion la masse du liquide mouillant. C'est ce que M. Pouillet a fait en employant du verre réduit en poudre, qui, parfaitement sec et à la température de l'air ambiant, ainsi que le liquide qui était destiné à le mouiller, était amoncelé de manière à couvrir la boule d'un thermomètre extrêmement sensible : au moment où le liquide employé pour mouiller cette masse de verre pulvérulent pénétrait dans ses interstices, le thermomètre indiquait une légère élévation de température, qui diminuait ensuite lentement jusqu'à la température ambiante. M. Pouillet a vu que, pour l'eau, pour l'huile et pour l'alcool, l'élévation de température était, dans ce cas, de 0,25 ; 0,26 ; et 0,23 de degré.

469. Ces importantes expériences prouvent qu'au contact d'une goutte d'eau, d'une goutte d'huile, d'une goutte d'alcool, etc., avec la surface du verre, il y a production de

1. *Annales de Chimie et de Physique*, t. XX, p. 141. 1822.

chaleur aux surfaces du liquide et du solide qui se trouvent mises en contact , et cela en vertu de l'action de mouiller. Cette chaleur, localement développée sur une surface qui , partout ailleurs, a conservé sa température antécédente, est une cause productrice de courant épipolique calorifuge. De là provient l'extension rapide de la goutte d'eau sur la surface du verre lorsqu'elle est *neuve* (26), c'est-à-dire lorsque, résultant de la fracture récente d'une grosse masse de verre, elle est encore exempte de cette couche d'eau hygrométrique que l'on sait exister généralement à la surface du verre exposé à l'air, indépendamment des substances organiques qui peuvent également s'y déposer. Du moment que cette couche d'eau hygrométrique existe à la surface du verre, la goutte d'eau que l'on dépose sur cette surface n'y exerce plus *l'action de mouiller*, puisque cette surface est mouillée déjà, elle n'y développe, par conséquent, plus de chaleur , et, par suite, il n'y a point de production de courant épipolique. La goutte d'eau conserve sa forme plus ou moins hémisphérique. Si l'on chasse la couche d'eau hygrométrique qui est à la surface du verre, en soumettant ce ce dernier à l'action d'une forte chaleur, sa surface redevient *neuve;* une goutte d'eau déposée sur cette surface refroidie s'y étend rapidement par l'effet d'un courant épipolique. Cette expérience , qui m'a été communiquée par M. Doyère et que j'ai répétée, achève de prouver que l'action par laquelle la goutte d'eau mouille le verre est indispensable pour la production du courant épipolique qui étend cette goutte en couche mince; or , cette action de mouiller développe de la chaleur; la chaleur localement appliquée à une surface y produit un courant épipoliqu e c'est donc indubitablement ici la chaleur développée par l'action de mouiller qui produit le courant épipolique calorifuge auquel est due l'extension de la goutte d'eau. Les expériences de M. Pouillet confirment pleinement ce que je viens de dire, en établissant la nécessité qu'il y a que le verre pilé soit parfaitement exempt d'eau hygrométrique pour que l'eau, dont on vient à l'imbiber, y développe de la chaleur.

470. Les gouttes d'éther, d'alcool, d'huile essentielle, etc., s'étendent sur la surface du verre par l'effet d'un courant épipolique calorifuge, et cela en vertu de la chaleur qu'y développe leur *action de mouiller* le verre. Cette *action de mouiller* existe toujours, pour ces liquides mis en rapport avec le verre, dont la surface n'a point besoin, dans ce cas, d'être *neuve*. En effet, la couche d'eau hygrométrique qui existe à la surface du verre lorsque cette surface n'est plus *neuve*, favorise l'extension épipolique de la goutte du liquide combustible, qui y est déposée, puisque cette extension aurait lieu sur la surface de l'eau elle-même. Si une goutte d'huile fixe ne s'étend point, par un mouvement épipolique, sur la surface du verre, cela provient de sa viscosité.

471. Au contact de deux liquides hétérogènes il y a nécessairement toujours trouble dans l'équilibre préexistant de leur chaleur, car ces liquides, ou se dissolvent réciproquement ou se combinent chimiquement l'un avec l'autre. Or, dans l'un et dans l'autre cas, il y a une modification apportée dans la température de ces liquides. Ainsi il est bien connu que le mélange des liquides acides ou alcalins avec l'eau développe généralement de la chaleur ; que le mélange des solutions salines avec l'eau produit généralement un abaissement de température ; que les liquides hydrogénés combustibles, lorsqu'ils sont miscibles à l'eau, développent de la chaleur par leur mélange avec elle. Les huiles et l'eau se dissolvent réciproquement dans de faibles proportions ; il est donc fort probable que le contact d'une huile fixe ou essentielle avec l'eau développe également de la chaleur,

mais qu'elle est trop faible pour se manifester au thermomètre. C'est de ces modifications de température, qui arrivent au contact des liquides hétérogènes, que naissent les courants épipoliques dont on observe les effets moteurs en déposant une goutte d'huile fixe ou essentielle sur la surface de l'eau, ou une goutte d'un liquide quelconque sur la surface d'un autre liquide étendu en couche mince sur une surface solide polie. J'ai fait apercevoir, dans la première partie de cet ouvrage (68 à 74), le lien qui existe entre les phénomènes d'élévation ou d'abaissement de température qui ont lieu au contact des liquides hétérogènes et la production des courants épipoliques qui se manifestent dans cette circonstance.

472. Les courants épipoliques produits par le dépôt d'une goutte d'un liquide sur la surface d'un autre liquide ont bien plus d'énergie que ceux qui sont produits par le dépôt d'une goutte d'un liquide sur la surface polie d'un solide. Cela provient de plusieurs causes. D'abord la chaleur développée au contact des liquides entre eux est plus grande que ne l'est celle qui se développe au contact des liquides et des solides ; en second lieu, la mobilité extrême des surfaces liquides rend plus facile le mouvement des gouttes liquides étendues sur ces surfaces par les courants épipoliques calorifuges : ces conditions rendent les surfaces des liquides bien plus propres à l'établissement des courants épipoliques que ne le sont les surfaces des solides.

473. J'ai établi, dans la première partie de cet ouvrage (50-57), que le courant épipolique produit par le dépôt d'une goutte d'un liquide sur la surface d'un autre liquide étendu en couche mince sur une lame de verre, offre deux directions inverses suivant que l'un ou l'autre de ces deux liquides joue *le rôle de goutte*, l'autre liquide jouant *le rôle*

de surface pour recevoir le dépôt de cette goutte. Ainsi, par exemple, une goutte d'alcool étant déposée sur la surface d'une couche d'eau étendue sur une lame de verre, il y a développement de chaleur aux points de contact de ces deux liquides, et il en résulte la production d'un courant épipolique qui projette circulairement la goutte d'alcool sur la surface de la couche d'eau qu'elle entraîne dans son mouvement. Ce courant épipolique est *centrifuge* en considérant comme centre le lieu où a été déposée la goutte d'alcool. Lorsque, au contraire, une goutte d'eau est déposée sur la surface d'une couche d'alcool étendue sur une lame de verre, comme c'est toujours l'alcool qui tend à se projeter épipoliquement sur la surface de l'eau, le courant épipolique est dirigé de toutes parts et concentriquement de l'alcool environnant vers la goutte d'eau environnée ; ce courant épipolique est alors *centripète* en considérant comme centre le lieu où la goutte d'eau a été déposée. Ces expressions de *centrifuge* et de *centripète* ne sont employées ici que pour désigner la direction divergente ou convergente du courant épipolique. Ce courant marche toujours de l'alcool vers l'eau. D'où vient cela ? On serait tenté de penser que la chaleur développée au contact de la surface de l'alcool avec la surface de l'eau se partagerait inégalement entre ces deux liquides ; que l'alcool prendrait la *chaleur en plus*, et que l'eau prendrait la *chaleur en moins*, d'où il résulterait que, par un courant épipolique calorifuge, l'alcool serait toujours entraîné vers l'eau, quelles que soient les positions relatives de ces deux liquides. Cette théorie semble pouvoir s'appuyer sur les expériences suivantes qui sont exposées dans la première partie de cet ouvrage (69).

474. De l'eau froide étant étendue en couche mince sur

une lame de verre de même température qu'elle, une goutte d'eau chaude déposée sur cette couche d'eau froide y produit un courant épipolique qui marche en divergeant de l'eau chaude vers l'eau froide ; ce courant épipolique est donc *calorifuge*. Si l'eau chaude est étendue sur la lame de verre de même température qu'elle, la goutte d'eau froide déposée sur cette couche d'eau chaude produit de même un courant épipolique calorifuge dirigé, en convergeant, de l'eau chaude qui est à la circonférence vers l'eau froide qui est au centre. Le courant épipolique suit ici la direction de la propagation de la chaleur ; il marche constamment de l'eau chaude à l'eau froide. Ces phénomènes sont, comme on le voit, exactement semblables à ceux qui résultent du dépôt d'une goutte d'alcool sur une couche d'eau, ou du dépôt d'une goutte d'eau sur une couche d'alcool, ainsi que cela est exposé plus haut (473). L'alcool se comporte, par rapport à l'eau de même température que lui, comme l'eau chaude se comporte par rapport à l'eau froide. On peut donc être fondé à admettre que la chaleur développée au contact de l'alcool et de l'eau s'est partagée inégalement entre ces deux liquides ; que l'alcool a pris la *chaleur en plus* et que l'eau a pris la *chaleur en moins*, d'où il est résulté que le courant épipolique calorifuge a été constamment dirigé de l'alcool vers l'eau.

475. Il y a abaissement de température lors du dépôt d'une goutte d'eau sur la surface d'une solution saline, étendue en couche mince sur une lame de verre ; le même abaissement de température existe nécessairement lors du dépôt d'une goutte de la même solution saline sur la surface de l'eau, étendue en couche mince sur une lame de verre. Or, le refroidissement produit par le contact et la mixtion de ces deux liquides, donne naissance à un courant

épipolique, qui toujours est dirigé de l'eau vers le liquide salin, en sorte que ce courant épipolique est *centrifuge* ou *centripète*, suivant que le liquide salin est à la circonférence ou au centre. Il faut donc conclure de là que le refroidissement produit par le mélange de l'eau et de la solution saline a été inégalement partagé entre ces deux liquides; que la solution saline a été plus refroidie que l'eau, en sorte qu'elle possède la *chaleur en moins*, l'eau possédant, par conséquent, la *chaleur en plus*.

476. Dans toutes les autres expériences où une goutte d'un liquide déterminé est déposée sur une couche mince d'un autre liquide, étendue sur une lame de verre, on observe également qu'il y a une direction toujours la même du courant épipolique de l'un de ces liquides vers l'autre, ainsi que je l'ai fait observer précédemment (57), *toutes les fois qu'un liquide déposé sous forme de goutte sur un autre liquide qui enduit la surface d'une lame de verre, présente le courant épipolique centrifuge, on peut être assuré qu'en renversant les rôles de ces deux liquides, on observera le courant épipolique centripète.* Le fait de l'inégale répartition de la chaleur entre ces deux liquides mis en contact, dans les expériences dont il est ici question, serait donc un fait général. Malheureusement il n'est pas possible de s'assurer, par des expériences directes, de cette différence de température des deux liquides mis en contact; on ne peut savoir ainsi si c'est toujours le liquide le plus chaud qui marche, par un courant épipolique, vers le liquide le moins chaud, cas auquel le courant épipolique est *calorifuge*. Peut-être y a-t-il des cas où le courant épipolique est *caloripète*, ou est dirigé du liquide qui possède la *chaleur en moins*, vers le liquide qui possède la *chaleur en plus*. C'est ce qui paraît résulter des expériences suivantes.

477. J'ai fait voir, dans la première partie de cet ouvrage (55, 58), qu'en déposant une goutte de solution aqueuse de potasse sur une couche d'eau qui enduit une lame de verre, il y a production d'un courant épipolique, lequel, en donnant à cette goutte une extension circulaire, chasse l'eau environnante, qui, dans sa fuite, présente des ondes successives et concentriques, semblables à celles qui sont produites par le dépôt d'une goutte d'eau chaude sur une couche mince d'eau froide, ainsi que je l'ai noté ailleurs (69). Ce courant épipolique est donc bien certainement *calorifuge*. Les solutions de potasse avec lesquelles j'avais fait ces premières expériences n'avaient pas une densité très-considérable. Or, depuis, j'ai employé, pour ces mêmes expériences, des solutions aqueuses de potasse beaucoup plus denses, et j'ai obtenu des effets différents. Ainsi, ayant fait une solution d'une partie de potasse dans cinq parties d'eau, le dépôt d'une goutte de cette solution sur une couche mince d'eau qui enduisait une lame de verre, y produisit encore des ondes concentriques et successives ; mais l'eau ne fut plus écartée circulairement par l'extension épipolique de cette goutte, que d'une manière à peine sensible ; elle ne fut plus écartée du tout, lorsque j'employai une goutte d'une solution faite avec une partie de potasse dans quatre parties d'eau. Cela me parut indiquer qu'il y avait ici un renversement dans la direction du courant épipolique. Effectivement, ayant mis sur une lame de verre une couche mince de la solution d'une partie de potasse dans quatre parties d'eau, et ayant déposé sur cette couche une goutte d'eau distillée, la solution alcaline, malgré sa grande densité, fut écartée circulairement par l'extension épipolique de la goutte d'eau ; ce phénomène d'écartement ou de propulsion de la couche de solution alcaline par l'extension épipolique

circulaire de la goutte d'eau devint encore plus marqué, en employant des solutions de deux ou de trois parties de potasse dans deux parties d'eau. Alors, le courant épipolique divergent, produit par le dépôt d'une goutte d'eau sur la couche de l'une de ces solutions qui enduisait une lame de verre, fut tellement énergique, que le verre demeura à nu, du moins en apparence, dans une aire circulaire assez étendue ; je n'observai plus d'ondulations. Ainsi les solutions aqueuses de potasse très-denses et les solutions aqueuses du même alcali pourvues d'une densité inférieure, à un degré déterminé, produisent, étant mises en contact avec l'eau pure, des courants épipoliques diamétralement opposés. J'ai trouvé que c'est vers la densité 1,127 que se trouve le terme moyen qui, dans les solutions aqueuses de potasse, sépare les deux manières inverses d'agir de ces solutions. Cette densité 1,127 est intermédiaire à celles des deux solutions qui contiennent, l'une quatre et l'autre cinq parties d'eau sur une partie de potasse. Les solutions aqueuses de soude m'ont offert des phénomènes analogues. J'ai fait toutes ces expériences par des températures supérieures à + 15° C.

478. D'où provient ce renversement de la direction du courant épipolique ? Pourquoi ce courant qui marche de la solution peu dense de potasse à l'eau, marche-t-il, au contraire, de l'eau à la solution très-dense de potasse ? D'après les principes que j'ai admis, il faut nécessairement supposer, ou que le courant épipolique, qui était *calorifuge* lorsque c'était une goutte de solution de potasse peu dense qui était déposée sur la couche d'eau, est devenu *caloripète* lorsque cette goutte a été remplacée, dans l'expérience, par une goutte de solution très-dense de potasse ; ou bien, il faut supposer que la *chaleur en plus*, qui, dans la première

expérience, appartenait à la solution de potasse, appartient à l'eau dans la seconde expérience. Tout cela, comme on le voit, est fort obscur. Les considérations suivantes, sans éclaircir complétement ce phénomène, y jetteront cependant un peu de jour.

479. J'ai fait voir plus haut (293, 294) que, sous l'influence de la chaleur appliquée au bord de leur surface, les solutions aqueuses de potasse offrent des courants épipoliques inverses, selon que ces solutions ont une faible ou forte densité ; j'ai fait voir que, dans cette circonstance, les solutions de potasse, dont la densité n'est pas très-considérable, offrent, sur leur surface, le courant épipolique propre aux liquides qui possèdent l'*épipolicité aqueuse*, et qu'une solution très-dense du même alcali, solution contenant trois parties de potasse sur deux parties d'eau, offre, sur sa surface, le courant épipolique propre aux liquides qui possèdent l'*épipolicité huileuse*. On observe donc un changement ou plutôt un *renversement* de l'épipolicité dans les solutions aqueuses de potasse, lorsqu'on passe des solutions peu denses aux solutions très-denses. Ne doit-il pas paraître évident que c'est ce *renversement de l'épipolicité* qui fait qu'on observe des courants épipoliques inverses en mettant l'eau en rapport avec des solutions de potasse ou peu denses ou très-denses? Il reste toutefois à déterminer comment il se fait que le renversement de l'épipolicité dans les solutions de potasse occasionne le renversement des courants épipoliques produits par la chaleur qui naît constamment de leur mise en rapport avec l'eau. Si, comme on n'en peut douter, ce courant épipolique est *calorifuge* lorsqu'une solution de potasse peu dense est mise en rapport avec l'eau, ne doit-on pas reconnaître que, lors de la mise en rapport d'une solution très-dense de potasse avec l'eau, le courant épipolique inverse, que l'on observe, est *caloripète?*

480. Je n'ai pu déterminer, dans mes premières expériences (294), quelle était la *densité moyenne* des solutions de potasse en deçà de laquelle existe l'*épipolicité aqueuse* et au-delà de laquelle existe l'*épipolicité huileuse*. Cette *densité moyenne* vient d'être révélée par mes dernières expériences, qui ont appris que cette densité était 1,127 (477). Au reste, la différence de l'épipolicité des solutions de potasse de forte densité et des solutions de potasse de faible densité, se trouvant prouvée par deux genres d'expériences, cela rend ce résultat important tout à fait incontestable.

481. Les solutions aqueuses de potasse d'une densité supérieure à 1,127 possèdent la même épipolicité que les huiles, et cependant, elles sont bien loin de se comporter comme ces dernières lors de leur contact avec l'eau. Une goutte d'huile, déposée sur une couche d'eau étendue sur une lame de verre, éloigne ou écarte circulairement cette couche d'eau par un courant épipolique divergent; une goutte de solution très-dense de potasse, employée en remplacement de la goutte d'huile, quoique possédant la même épipolicité que cette dernière, ne produit point le même effet; pour l'obtenir, cet effet, il faut, au contraire, déposer une goutte d'eau sur la surface de la solution très-dense de potasse étendue sur une lame de verre. Ainsi, l'huile produit sur l'eau une répulsion apparente, tandis que c'est, au contraire, l'eau qui produit une répulsion apparente sur la solution très-dense de potasse. Ce phénomène, qui paraît paradoxal, ne peut encore s'expliquer. Je me contenterai de faire observer que, dans les deux cas, la répulsion apparente est exercée par le liquide le moins dense.

CONCLUSION.

482. Je crois pouvoir tirer les conclusions suivantes des faits qui se trouvent exposés dans cet ouvrage.

483. Les courants épipoliques sont dus à l'action d'une force particulière qui n'est point celle du calorique. Cependant elle est toujours mise en action par des modifications apportées localement dans la température de la surface des corps, et surtout de la surface des liquides. Ces modifications de température, qui sont quelquefois d'une faiblesse extrême et hors de toute proportion avec l'énergie des mouvements épipoliques qu'elles déterminent, sont simplement les causes déterminantes de la mise en action de la force épipolique, de la même manière qu'il arrive, dans certains cas, que la force électrique est mise en action par des modifications de la chaleur des corps. Au reste, la force épipolique est très-distincte de la force électrique, ainsi que je l'ai prouvé, dans la première partie de cet ouvrage (61, 70, 86, 139, 174, 218, 237), et comme cela résulte, en général, des expériences exposées dans cette seconde partie. L'*agent épipolique*, ressemble cependant à l'*agent électrique* en cela qu'il tend, comme lui, à se projeter, ou à s'écouler par les pointes, ou par les angles des corps; c'est ce que j'ai eu occasion de noter plusieurs fois dans la première partie de cet ouvrage (93, 94, 115, 116, 118, 122, 217, 219, 222). Le docteur Fusinieri avait observé, longtemps avant moi, cette

propriété des angles des corps, ainsi que je l'ai dit plus haut (257, 270), mais il n'avait point envisagé cette propriété sous son véritable point de vue. L'agent épipolique offre encore avec l'agent électrique cette analogie qu'il offre, comme lui, deux modifications ou deux manières d'être, qui sont en rapport avec la nature particulière des corps desquels il émane. Ainsi, de même que l'électricité est *vitrée* ou *résineuse* suivant qu'elle est produite par le frottement du verre qui est un corps *brûlé*, ou par le frottement d'une résine ou du soufre, qui sont des corps combustibles; de même l'*épipolicité* est *aqueuse* ou *huileuse*, suivant que ses phénomènes sont produits sur la surface de l'eau qui est un corps brûlé, ou sur la surface de l'huile, ou de l'alcool, ou du mercure, etc., qui sont des corps combustibles. Enfin l'électricité et l'*épipolicité* semblent se confondre dans les expériences par lesquelles j'ai fait voir (388) que le courant épipolique, produit par la chaleur appliquée en un point du bord de la surface du mercure amalgamé de potassium, étant dirigé sur cette surface, comme il doit l'être sur un liquide combustible qui possède l'*épipolicité huileuse*, ce courant épipolique se renverse, et devient dirigé sur cette même surface, comme il doit l'être sur un liquide qui possède l'*épipolicité aqueuse;* lorsque le contact d'un métal solide avec le mercure amalgamé de potassium rend cet amalgame électro-positif, on lui donne l'*électricité vitrée*. Ainsi, en acquérant l'électricité positive ou *vitrée*, un liquide qui possédait naturellement l'*épipolicité huileuse*, a acquis l'*épipolicité aqueuse :* cela ne doit-il pas porter à penser que l'*épipolicité* n'est autre chose que l'électricité naturelle de la surface des corps? Certains physiciens ont pensé que tous les corps possèdent une atmosphère électrique disposée sur leur surface en une couche extrêmement mince, et cela d'une manière permanente. Serait-ce cette couche d'électricité qui, mise en action, d'une manière déterminée, par les changements de température appliqués localement à la surface des corps, produirait les phénomènes épipoliques? Quelle que soit l'opinion que l'on admette à cet égard, les phénomènes épipoliques devront toujours être considérés comme distincts des phénomènes électriques; ils constitueront, dans la physique, une branche nouvelle dont l'étude ne manquera certainement pas d'être féconde en résultats, et dont l'application à la physiologie promet d'être heureuse.

FIN DE LA DEUXIÈME PARTIE.

TABLE DES CHAPITRES.

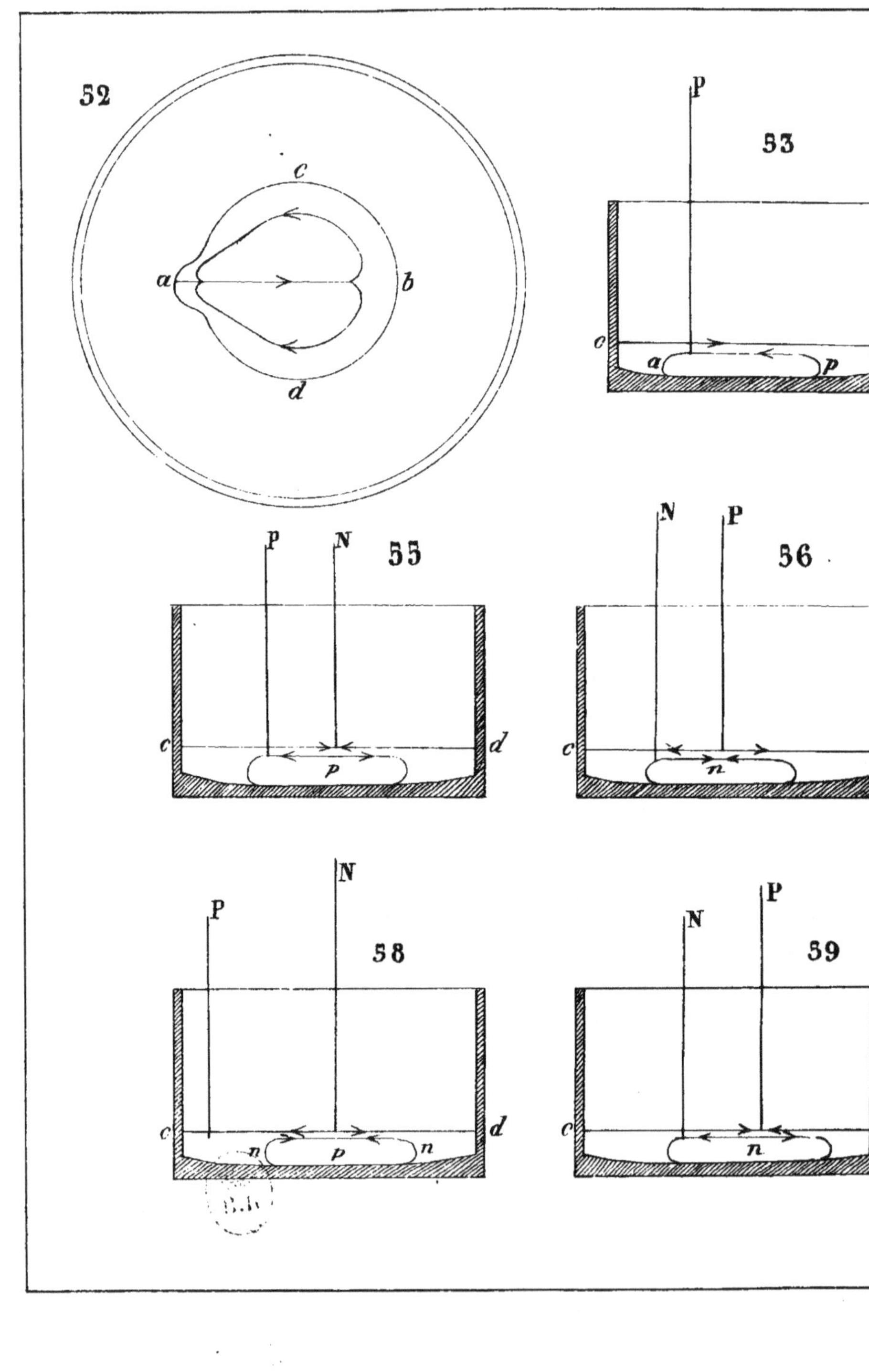

52
c
a
b
d
53
P
c
a
p
55
P
N
c
p
d
56
N
P
c
n
58
P
N
c
n
p
n
d
59
N
P
c
n

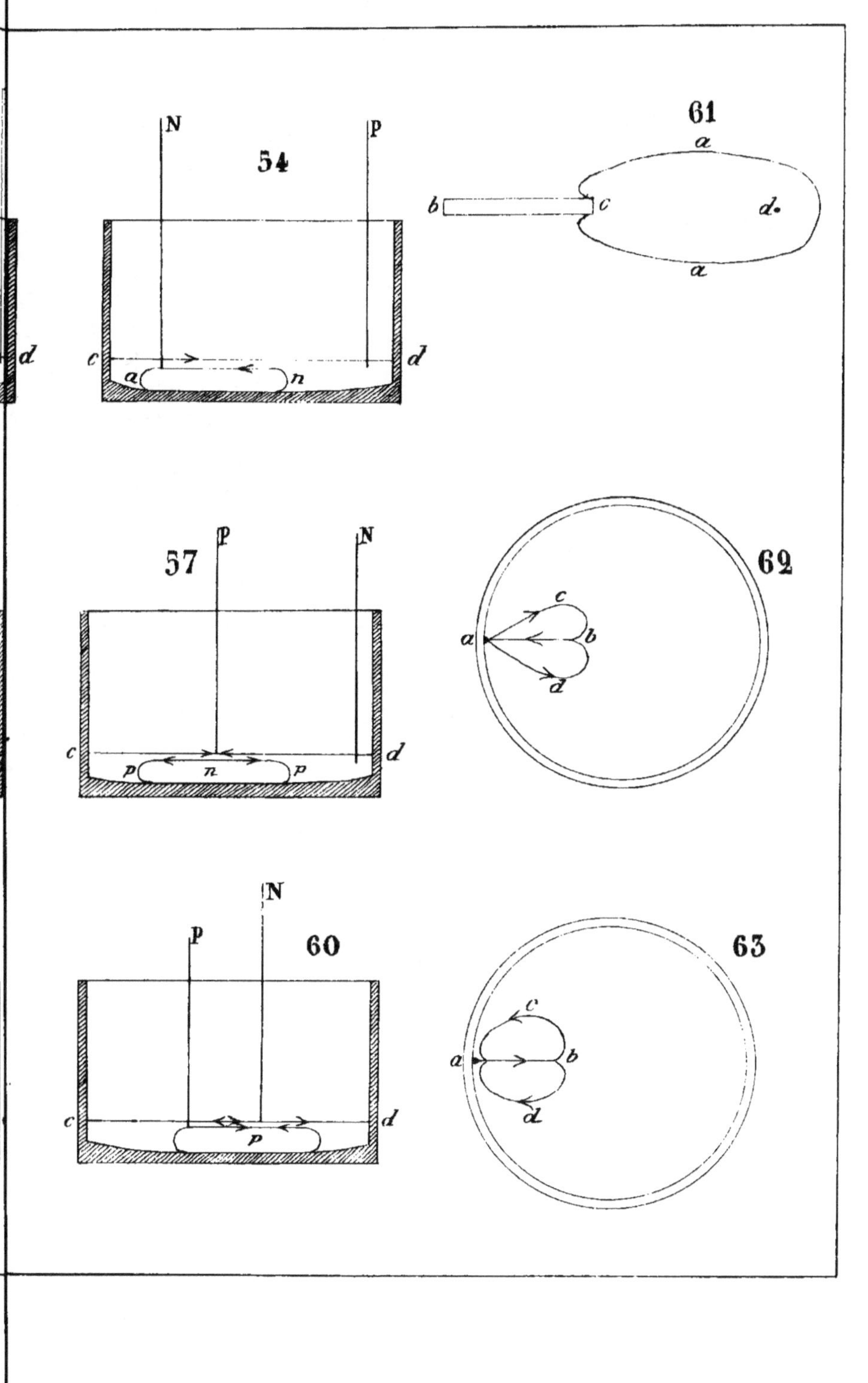

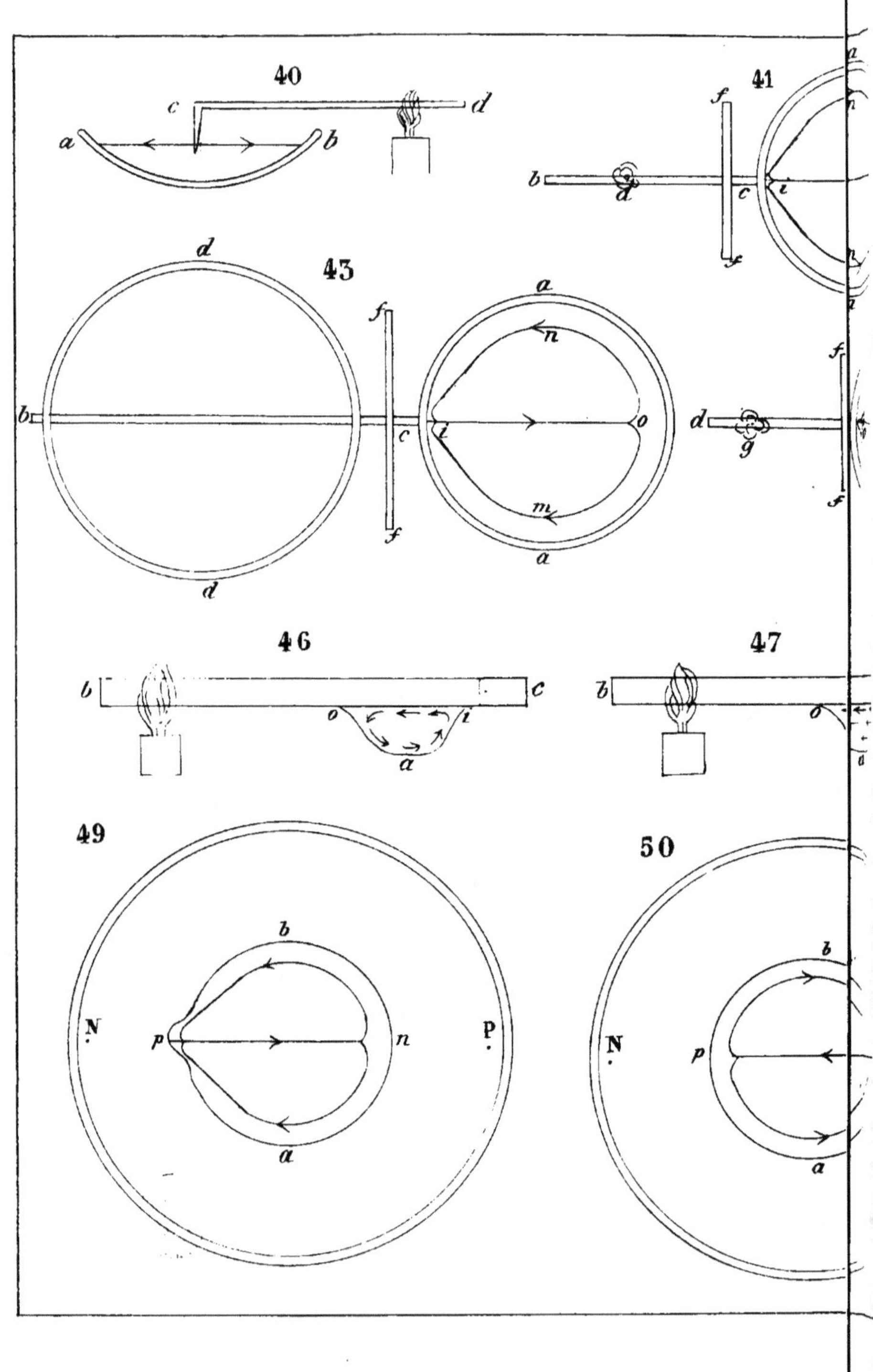

40
c
d
a
b
41
f
b
d
c
i
f
a
n
n
a
43
d
f
a
b
c
n
i
o
m
a
d
f
g
f
d
46
b
c
o
i
a
47
b
o
d
49
b
N
p
n
P
a
50
b
N
p
a

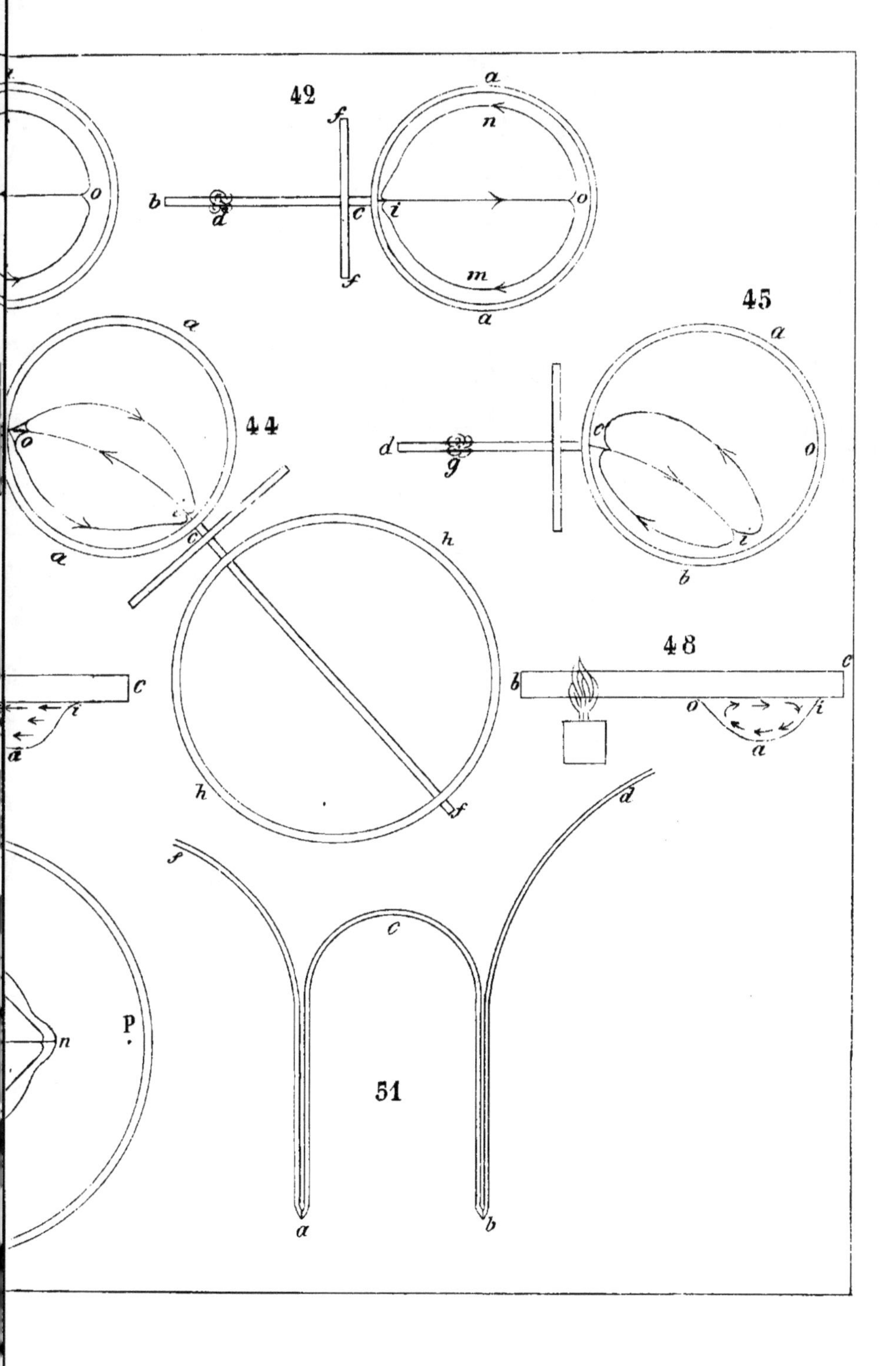

42
45
44
48
51
P